精明准则

SMART CODE V9.2

美国新城市主义城市设计导则

安德烈斯·杜安尼

[美]　　桑迪·索林　著

威廉·赖特

王宏杰　黄思曈　郝钰　等译

彭卓见　王东宇　校

朱子瑜　蒋朝晖　审

中国建筑工业出版社

著作权合同登记图字：01 2018-7205 号

图书在版编目（CIP）数据

精明准则　SMART CODE V9.2　美国新城市主义城市设计导则 /（美）
安德烈斯·杜安尼，桑迪·索林，威廉·赖特著；王宏杰等译 . —北京：中
国建筑工业出版社，2018.6

ISBN 978-7-112-22342-8

Ⅰ.①精…　Ⅱ.①安…②桑…③威…④王…　Ⅲ.①城市规划—美
国　Ⅳ.①TU984.712

中国版本图书馆CIP数据核字（2018）第125625号

SMART CODE（Version 9.2）by Center for Applied Transect Studies

©2012 Center for Applied Transect Studies

Translation©2018 China Architecture&Building Press

本书由Center for Applied Transect Studies授权我社翻译出版

责任编辑：刘　丹　段　宁
责任校对：王　烨

精明准则（9.2版）　美国新城市主义城市设计导则

[美]　安德烈斯·杜安尼　桑迪·索林　威廉·赖特　著
王宏杰　黄思瞳　郝钰 等译
彭卓见　王东宇　校
朱了瑜　蒋朝晖　审

*

中国建筑工业出版社出版、发行（北京海淀三里河路9号）
各地新华书店、建筑书店经销
北京点击世代文化传媒有限公司制版
北京中科印刷有限公司印刷

*

开本：787×1092毫米　1/16　印张：5¼　插页：1　字数：90千字
2019年2月第一版　2019年2月第一次印刷
定价：58.00元
ISBN 978-7-112-22342-8
　　　（32212）

"准则"一词源于植物学中的"根茎"，在英文中兼有"树干"和"法系"两层意思。如同传统村落中心的神树，准则是数个表示聚集力量的术语之一。准则是词源和功能上的"树干"，围绕它"聚落"才得以自发形成。

帕特里克·平内尔
Patrick Pinnell

译者序

2007 年，译者之一王宏杰在美国 UCLA 做访问学者时，第一次接触到《精明准则：美国新城市主义城市设计导则》（下文简称《精明准则》），对其中的内容留下了深刻的印象，随之产生了把它翻译成中文的想法。《精明准则》既是城市设计导则，也是城市规划法规，是一部全新视角下的法定城市设计文件，对我国的城市设计工作有一定的借鉴意义。

在阅读这本书之前，不妨首先了解一下《精明准则》产生的背景和原因。1916 年，区划法规（ZONING）开始在美国推行，经过一百多年的实践，区划在为城市建设和管理带来便利的同时，也产生了很多问题，如城市出现职住分离、蔓延发展和小汽车依赖等现象。1990 年代，受到新城市主义思想的影响，环境学者和城市规划师提出了"精明增长"的概念。《精明准则》就是在这一理念下产生的替代传统区划法规的新型城市设计法规。

目前，我国城市规划处在城市发展转型阶段，城市设计作为城市发展转型时期重要的技术方法，在今后的城市规划设计工作中将承担更为重要的职责。然而，我国的城市设计在设计内容、管控方法及导则形式上，还没有形成稳定的架构。《精明准则》恰恰是一部相对完善的规范类城市设计导则，值得我们探讨。

《精明准则》有何独到之处？

首先，《精明准则》不同于传统的城市区划法规，它并非以用地功能为基础来规划城市，而是从城市形态的视角来设计城市。它创造性地借用地理学的断面理论，提出断面分区法：将从自然地区到城市地区的不同城市形态，分成 6 种断面分区类型。在这个体系里，《精明准则》涵盖了大到区域、小到建筑的多层面、多尺度的空间形态，它们彼此关联，并自成系统。这是一个全新的城市设计体系。

其次，《精明准则》把城市设计控制要求提炼成能够操作实施的法规条文，在设计和法规两个层面，确保实际的城市建设符合形成断面分区所确定的城市形态。其内容分为强制性内容和建议性内容，都严格按照规范条文方式书写，采用了标准规范类语言，具有很强的法律效力。《精明准则》在理念和形式上都有很多创新，在实践层面完善了美国新城市主义理念。

那么，《精明准则》该如何应用呢？

《精明准则》与我国常规的国家标准、设计规范不同的地方在于，它是规划设计的范本，而非一个完整的规范文本，需要城市设计师在项目中，根据项目实际情况，在《精明准则》范本框架的基础上填写、增加和修改，形成适合当地情况的准则。

例如，加利福尼亚的赫拉克勒斯市（Hercules）滨海地区，就利用《精明准则》编制规划，根据地区特点，将《精明准则》断面分区中的 T5 类——城市中心区，进一步细化为 T5-MS 海湾主街区、T5-VN 别墅邻里区等几类片区，以便进行进一步的精细化形态管控。可见，《精明准则》是一个工作框架，是一个设计模板，是一个需要根据自身项目特色来完善的范本。这一点与我们通常认知的规范有很大不同。

最后，怎么阅读《精明准则》呢？

我们建议大家在阅读之前，先浏览一下第七章"术语释义"。由于国情、文化、规划工作的差异，使得原文中有很多和我国城市规划术语不一致或者无法对应的名词。我们在翻译这些名词的过程中，遇到了不少困难，也产生了一些困惑。最后我们结合在国内的工作实践经验，进行了处理，从而方便读者理解。一般情况下，我们会将术语翻译为中文中更常用的词汇，比如"Thoroughfare"在很多文献中都直译为"通道"，但我们认为"道路"更为准确。有的术语与我国的规划体系无法直接对应，很难用我们熟悉的名词归纳总结，为了使读者更好地与其他国外文献对接，我们采取以已有翻译或以术语解释中的意译方式命名。如将"Boulevard""Drive""Rear Lane"等不同类型的道路，分别翻译为"林荫大道"、"公园路"、"后方道路"等。这些名词的具体含义，还需要到术语释义章节中查找。还有一些术语是我们较为陌生的名词，如"增长分区"、"灰地"、"步行范围"等，为了不产生歧义，我们采取了直译方式。陌生的术语会给读者造成一定的阅读困难，因此建议大家在阅读之前，首先泛读一下第七章"术语释义"，以便更好地理解正文内容。

我们需要认识到，这部准则是针对美国城市的建设特点、美国规划的编制方法而制定的。所以我们看待《精明准则》这本书时，不仅需要"知其然"，更要"知其所以然"。在参考和使用这部准则的同时，也要深入了解其所处的社会人文背景，切忌囫囵吞枣、盲目照搬。

中国城市规划设计研究院的王宏杰、郭君君、黄思瞳、郝钰、王力，德国卡塞尔大学的董雪和孙雨桐，在初稿翻译中付出了大量的心血。在翻译过程中，很多国内外同行朋友给予了大力支持：Brian Falk 先生、王亚龙先生、王昊女士、蒋冰蕾女士、Christina Threlkel 女士、Joy Yuan 女士、毛海虓先生、黎晴女士、王佳文先生、赵颖女士、邹雪红女士，以及中国城市规划设计研究院的领导杨保军院长、邵益生书记、彭小雷处长和同事们都给予了大力的支持和帮助。在此一并感谢！

尽管我们用了三年时间来翻译这本薄薄的小册子，期间咨询了诸多国内外专家同行，并通过实际项目中的应用完善翻译工作，但是受翻译水平，以及缺乏在美国参与《精明准则》规划实践等因素的限制，本书的翻译难免有纰漏和错误，敬请同行们批评指正。我们希望这本书能对我国城市设计的发展和创新起到借鉴作用，更希望在不远的将来，城市设计工作者能够共同努力，制定出具有我国城市特色的城市设计导则。

基于断面的规划

"一座城镇的兴盛,不仅仅是因为有在此居住的正直的人们,更因为有环绕它的一草一木。"——亨利·戴维·梭罗

精明准则是在断面理论基础上产生的准则。18世纪末,亚历山大·冯·洪堡第一次提出了自然断面,它是为了揭示一系列环境特征而形成的地理横截面图。该断面最初被用来分析自然生态,展示不同区域的特征,例如沙滩、湿地、平原、高地等。它有助于研究栖息地动植物繁衍与土壤矿物小气候的共生关系。

同样,人类也生存于不同的地区中,有些人从不住在市区,有些人则无法适应农村。人类需要一个系统来创建和保持在栖息地中有多种选择的权利。临近20世纪末,新城市主义设计师们意识到蔓延式发展正在毁灭美国战前建成环境特征。他们开始分析这种现象,并总结现象产生的根源。延续断面理论方法,他们将自然断面分区延伸到城市空间环境,由此奠定了精明准则的基础。

在精明准则规划中,共分为"乡村—城市"六个断面分区。根据各自不同的物质环境和社会特征,六个分区模拟了从乡村到城市真实的空间肌理。精明准则的设计要素与这些断面分区协调,适用于各种尺度的规划,从区域到社区尺度,再到独立地块和建筑单体。

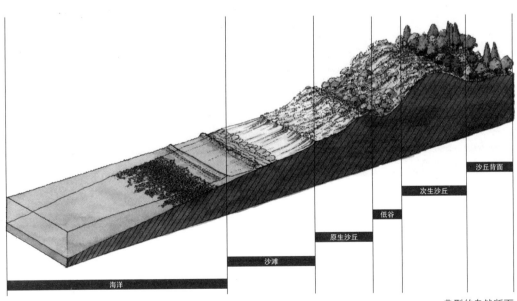

海洋　沙滩　原生沙丘　低谷　次生沙丘　沙丘背面

典型的自然断面

断面分区规划的主要原则是"特定的形态和元素适用于特定环境"。例如公寓式住宅更适合市区,独立式住宅更适合乡村;有些道路适合建在城市,有些则适合乡村。郊区的建筑红线大幅后退会削弱街道的围合感,这是因为郊区和城区肌理不同,这些差异和规则并不会限制城市的发展,反而会增加城市发展选择的多样性。这是针对当今"一刀切"的开发政策和模式的对策。

断面分区法有两个明显特征:(1)片区和社区在不同断面分区上体现不同的空间特征;(2)随着时间的推移,它们也在断面分区上发生演进。六个断面分区体现了美国本土城市形态的特征,它们的复杂度、密度和集约度会随着时间不断增加,直到达到某个极限而演进到上一级分区。这类似于自然环境中的演进过程。

好的城市需要多方的持续参与得以成型。通过一部准则,建筑物从设计到建成可以在多年内经手多人甚至几代人。正如单一的植被构成会使自然环境脆弱不堪,单一的设计者或管控部门也会使城市缺少健康活力。精明准则采用了参数化和持续更新的方式,能够反馈并整合实践信息,同时,因加入了时间维度而更完善。如果采用了本准则,这个地方的城市形态将逐渐发展并成熟起来,且不会失去必要的秩序。

每个精明准则在制定过程中都要吸收采纳居民的意愿,因此社区不必详细审查所有项目。精明准则是制定整个过程的综合框架。

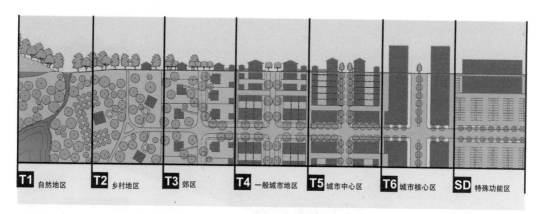

典型的"乡村—城市"断面及断面分区

概述：精明准则能做什么

- 它采用分区类型方法系统地涵盖了从乡村到城市的全部地区。
- 它适用于精明增长的各种社区开发模式，包括组团式开发（CLD）、传统邻里开发（TND）、区域中心开发（RCD）和公交导向开发（TOD）。
- 它将各种尺度的规划整合在一起，从区域尺度到社区尺度，再到地块尺度，如果有需要，甚至是建筑尺度。
- 它将设计的过程贯穿到各个专业知识领域之中。
- 它将环境保护、开敞空间保护和水质控制的多种方法融为一体。
- 它把私有地块、公共区域和开发权转移（TDR）的标准整合在一起。
- 它为新社区开发和建成区填充式更新提供了一系列区划分类。
- 它能与建筑、环境、引导标识、灯光、防灾减灾和可达性标准等兼容在一起。
- 它为现状区和新建区建立了一致的工作程序。
- 它整合了规划编制中与实施过程中的各种规定。
- 它鼓励适时采用有效的行政授权方法，而不由公众听证会决定。
- 它鼓励采用激励方式而不是通过禁止手段来达到目的。
- 它采用参数化标准（用范围确定）的方式来减少分类数量的需求。
- 它比传统的区划提供了更大的选择范围。

精明准则的内容框架

	第二章 区域尺度规划	第三章和第四章 社区尺度规划		第五章 建筑尺度规划
	A分区类型	B社区单元类型	C断面分区	设计标准
开放空间	**O1** 保护的开敞地区	无	**T1** 自然地区	
			T2 乡村地区	
	O2 保留的开敞地区	无		
新建开发	**G1** 限制增长区	**CLD** 组团式开发	**T2** 乡村地区	
			T3 郊区	
			T4 一般城市地区	
	G2 控制增长区	**CLD** 组团式开发	**T2** 乡村地区	建筑布局
			T3 郊区	
			T4 一般城市地区	
		TND 传统邻里开发	**T3** 郊区	建筑形态
			T4 一般城市地区	
			T5 城市中心区	建筑功能
	G3 重点增长区	**TND** 传统邻里开发	**T3** 郊区	
			T4 一般城市地区	
			T5 城市中心区	居住密度计算
		RCD 区域中心开发	**T4** 一般城市地区	停车标准
			T5 城市中心区	
			T6 城市核心区	景观标准
存量开发	**G4** 填充增长区	**INFILL TND** 填充式传统邻里开发	**T3** 郊区	
			T4 一般城市地区	标识标准
			T5 城市中心区	
		INFILL RCD 填充式区域中心开发	**T4** 一般城市地区	附加准则
			T5 城市中心区	
			T6 城市核心区	
其他			**CB** 公共建筑	
			CS 公共空间	
		SD 特殊功能区		

精明准则的框架概述

第一章：主要是对各章节的总述。

第二章：主要描述如何在区域规划层面划定开放空间，如何把开发地区和再开发地区纳入增长分区，同时分析各分区相应的社区单元类型。

第三章：主要说明新社区开发的条件，包括各空间类型对应的断面分区。

第四章：主要说明在城市化地区内制定填充式规划的条件。

第五章：描述每个断面分区的地块设计标准和建筑设计标准。

第六章：各章中出现的图表。

第七章：各章中出现的术语释义。

精明准则是一部全面综合的规划准则，适用于三种不同尺度的空间规划模式，三种模式从宏观到微观层层嵌套。

A. 区域分区：包括制定的社区单元类型（第二章）。

B. 社区单元：包括每个社区单元类型对应的断面分区类型的划分（第三章和第四章）。

C. 断面分区：包含适合各断面分区的建筑要素（第五章和第六章）。

A. 区域尺度

"分区"在地理上是中性词。精明准则在区域尺度上界定了保护和发展的内容，并通过六种分区类型定义了不同的发展模式。按下列原则划分分区：

- 保护的开敞地区（O1）和保留的开敞地区（O2）都是为了保护开放空间而划定的分区。

- 限制增长区（G1）、控制增长区（G2）和重点增长区（G3）是为新社区开发而划定的分区。

- 填充增长区（G4）是为管理已经城市化的地区而划定的分区。

B. 社区尺度

每个分区都包含一个或多个基本社区单元类型（CLD、TND、RCD）。

- 组团式开发（CLD）：对应村庄、聚居点和组团，可应用于限制增长区（G1）、控制增长区（G2）的增长分区。

- 传统邻里开发（TND）：对应村庄和邻里单元，可应用于控制增长区（G2）重点增长区（G3）和填充增长区（G4）的增长分区。

· 区域中心开发（RCD）：对应区域中心、城镇中心和市中心，可应用于重点增长区（G3）和填充增长区（G4）的增长分区。

C. 断面分区

断面具有连续性，定义了从乡村到城市的不同空间形态。单独使用时，它们代表了某一片区的类型。正如原始聚落向现代城市进化的过程中产生了多样的空间类型一样，断面类型的设置意在还原这种多样性。这些标准有所重叠（它们是参数化的），反映出自然和社会中交错的群落。断面法融合了环境和区划的方法，使环保主义者能接触到有关社会环境的设计，同时也使规划设计人员能更多地关注自然环境。

· T1 自然地区：接近原始状态的土地，包括因地势、水文或植被因素而不适宜居住的地区。

· T2 乡村地区：人烟稀少的地带，包括森林、农田、草原和可灌溉的沙漠。典型的建筑是农舍、农业用房、小屋和别墅。

· T3 郊区：由低密度居住地区组成，是临界高密度区的地区，开始出现混合使用。允许出现家庭居住单元和附属建筑。植被自然生长，建筑退线相对较远。街区相对较大，道路为适应自然条件顺势而建。

· T4 一般城市地区：由混合使用的土地组成，但以居住功能为主。建筑形态多种多样，有单体的、带院子的和联排式的住宅。退线和景观类型也是多样的，街道有路缘石和人行道，街区为中等大小。

· T5 城市中心区：密度较高的混合使用的土地，包含零售、办公、联排式住宅和公寓。路网较密，有宽阔的人行道，街道两侧种植行道树，建筑临街而建。

· T6 城市核心区：密度最大，建筑高度最高，功能极其多样，并有区域最重要的公共建筑。可能有大尺度的街区，街道两侧种植行道树，建筑紧临宽阔的人行道。一般情况下，只有较大的城市或城镇才有城市核心区。

· 公共区域：由公共建筑和／或公共空间组成，分别有与之对应的断面分区。

· 特殊功能区：由功能、布局或形态无法归入六个断面分区的地区组成。

精明准则的框架调整

为了使精明准则适用于不同情况，编制时可取消一些章节，并对准则进行重组。

- 第一章"总述"、第六章"标准及图表"、第七章"术语释义"适用于所有情况。

- 如果区域规划已经编制完成或本准则被用于填充式规划，可以删除第二章"区域尺度规划"。

- 如果社区尺度规划已经编制完成或是没有增量开发的需求，可以调整或删除第三章"新社区规划"（注：是否编制第四章取决于第三章中是否有被填充的大型地块）。

- 如果填充式规划已经编制完成或没有填充式发展的需求，可以删除第四章"填充式社区规划"。

- 如果所有层级的规划都已编制完成，第五章"建筑尺度规划"则是为建筑师和建造者提供的准则。开发商可将本准则作为私有地产开发的使用导则。

- 为市政府服务的精明准则应包含街道标准以及大地块的总体空间意向（在第三章和第四章没有提及的情况下）。3.7节和第四章的内容可结合第五章或新的章节形成"道路标准"和"公共空间标准"。

- 第六章可以根据需要对表格进行删减和修改。

- 第七章可以删除对未出现术语的释义，并增加新的需要解释的词汇。

- 可根据实际需要增加附加准则及相应的释义。

实施的职责

精明准则需要在规划的编制中落实分区、社区、地块和建筑单体的具体位置。

- 第二章：区域规划应由城市规划部门或能代表该部门的单位编制。

- 第三章：新社区规划应由土地所有者、开发商或城市规划部门编制。

- 第四章：填充式社区规划应由城市规划部门或能代表该部门的单位编制。

- 第五章：建筑尺度规划应由建造者或业主来编制。

- 规划部门内可设立开发设计中心（DDC），该中心可对精明准则的应用提出建议，以此指导社区规划与建筑设计。

精明准则的修正

· 本手册中的准则是模板式的，必须结合当地实际情况和控制要素进行校准。精明准则的调整必须在公众研讨会中完成，与会成员应包含城市设计师、建筑师、景观建筑师、规划师、市政工程师和熟悉本准则的土地使用律师。

· 如需免费下载英文版的《精明准则 9.0 版》模板、英文版的《精明准则 9.2 版》增补版的可编辑电子文件和 PDF 文件，或查询有关精明准则的模式、案例分析、工作坊机会和咨询服务的内容，请访问 www.SmartCodeCentral.org 和 www.Transect.org。

· 英文版的《精明准则第 9 版及使用手册》（共 250 页）在美国市面有售，其中有更为详尽的内容，欲购请拨打 001-607-275-3087 联系出版商 New Urban，或发送邮件至 mail@newurboornnews.com，或访问 www.newurbannews.com。

使用权限

· 《精明准则（SmartCode V9.2） 美国新城市主义城市设计导则》中的图表归杜安尼和普拉特 - 齐贝克设计公司（DPZ）所有。

· 《精明准则（SmartCode V9.2） 美国新城市主义城市设计导则》此后可能会有细微调整。如需完整的作者、志愿者信息及最终版可编辑文件，请访问 www.SmartCodeCentral.org。

目　录

第一章　总　述

1.1　权限

1.1.1　各个城市和州政府应按照市政府宪章第X章以及地方与州法规第X章授权使用本准则。

1.1.2　本准则是落实城市总体规划公共意愿和目标的工具之一。本准则根据地方土地开发法规制定，与城市总体规划相互协调。

1.1.3　本准则用于促进____州____市以及该地区公民的健康、安全和社会福利发展，包括对环境、土地、能源和自然资源的保护。本准则还将促进此地区减少交通拥堵，有效使用公共资金，改善步行环境，保护历史遗存，发展教育并鼓励创新，减少城市蔓延开发，提升建成区环境品质。

1.1.4　本准则由规划委员会和立法机构投票通过后确定实施，也可在投票通过后进行修订。

1.2　适用性

1.2.1　本准则的词汇使用中，"应"表达"需要、应当"之意，"宜"表示"建议"，"可"表示非强制性的"可以"。

1.2.2　当与其他准则发生冲突时，本准则应优先于其他法规、条款和标准执行（地方卫生和安全条例除外）。

1.2.3　对于本准则中未提及的内容，应继续依据现行____州____市区划准则、现行____州____市详细分区准则（现行地方法规）执行，除非现行地方法规与本准则1.3节的内容存在冲突。

1.2.4　本准则中出现的术语在第七章中有详细定义，它们是本准则的重要组成部分。第七章中未出现的名词应采用它们的普遍定义。当这些术语释义和现行地方法规相冲突时，应以本准则给定的解释为准。

1.2.5　第六章中的图示和表格是本准则的重要组成部分。表15中的形态准则具有法律约束力，其他图表应作为指南使用。

1.2.6　如数字指标与图示出现冲突，应以数字指标为准。

1.3　目标

本准则旨在鼓励贯彻执行以下政策：

1.3.1　区域

a. 区域范围宜保持原有地形地貌、林地、农田、滨水廊道和海岸线等自然特征和景观特征。

b. 发展战略宜像鼓励新区开发一样鼓励填充式开发和重建开发。

c. 当开发活动临近城市地区时，宜采用填充式区域中心开发（Infill RCD）或填充式传统邻里开发（Infill TND）模式，并和现有的城市结构相结合。

d. 当开发活动远离城市地区时，宜采用组团式开发（CLD）、传统邻里开发（TND）或区域中心开发（RCD）模式。

e. 经济适用房宜分布于区域各处，以便与工作岗位匹配，避免贫困人群聚集。

f. 交通廊道的预留和规划宜与土地使用相协调。

g. 绿化廊道宜能够界定和连接各个城市化片区。

h. 区域范围内宜构建公交、自行车及步行系统，为小汽车出行提供可替代方案。

1.3.2　社区

a. 邻里社区和区域中心宜紧凑开发，以步行友好为导向，功能上强调混合使用。

b. 邻里社区和区域中心宜优先开发，功能单一的地区延后开发。

c. 日常的基本活动宜安排在距大部分居所步行可达的范围内，为不开车的居民提供便利。

d. 交通网络的设计宜以分散交通压力、减少行车距离为宗旨。

e. 邻里社区内的住房类型和价格宜满足不同年龄层和不同收入人群的需求。

f. 步行可达公交站点的范围内宜设置相适应的建筑居住密度和土地功能。

g. 公共设施、机构和商业活动宜集中在市区，而非孤立在偏远的单一功能区内。

h. 学校的规模和区位宜便于学生步行或骑行到达。

i. 公园、广场、游乐场等开敞空间宜分布在邻里社区和城市中心区内。

1.3.3　街区和建筑

a. 宜通过建筑及其界面之间的空间设计将道路塑造为公共空间。

b. 开发宜满足机动车通行，同时也要保护步行空间及公共区域的空间形态。

c. 街道和建筑设计宜在保证可达性的前提下增强安全性。

d. 建筑和景观设计宜根植于当地气候、地形、历史和建设惯例。

e. 建筑宜通过节能方法让使用者对该地区的地理和气候产生清晰的感知。

f. 公共建筑和公共聚集场所宜具有提高社区认同感、支持自主管理的作用。

g. 公共建筑与其他建筑相比宜更加独特，在城市结构中扮演更重要的角色。

h. 宜促进历史建筑的保护与更新，以确保社会进步和发展的连续性。

i. 宜采用基于形态的准则确保城市地区发展和谐有序。

1.3.4　断面

a. 社区宜有多种类型的空间环境，为人们提供不同的居住选择。

b. 本准则的核心内容是在尊重环境特征的基础上，形成表1中所表述的具有城乡差异的断面分区形态。

1.4　过程

1.4.1　市政府特此成立综合评审委员会（CRC），由拥有管辖许可的各个监管机构成员、开发设计中心（DDC）的代表及城镇建筑师组成，以推进拟建项目的行政许可和规划编制。

1.4.2　如第二、三、四、五章所示，各个分区的地理位置和断面分区标准应在得到立法机构的批准后通过公众咨询程序决定。一旦这些决定纳入到本准则及相关规划中，那些不需要审批或特批的项目或只需审批的项目，应直接按行政程序进行，不必进行下一步的公众咨询。

1.4.3　业主可针对综合评审委员会（CRC）的决议向区划调整委员会提出上诉，也可针对区划调整委员会的决议向立法机构提出上诉。

1.4.4　如果建设中有违反已批精明准则规划的现象，或有任何建设、施工、开发活动在没有精明准则规划或建筑尺度规划允许的前提下启动，区划调整委员会都有权要求业主停止建设、拆除违建和/或减少违规建议，或对此出具特批。

1.5 审批和特批

1.5.1　在审批和特批这两种情况中，相关要求与本准则有所不同。具体需要审批还是特批应由综合评审委员会（CRC）决定。

1.5.2　审批是一种特定的决议，允许实施本准则未作说明但与本准则中1.3节意图相符的内容。综合评审委员会（CRC）应依据委员会规章，通过行政程序对审批申请做出是否批准的决议。

1.5.3　特批不同于审批，如要获得批准，必须按照"＿＿＿条例，现修订为＿＿＿"的格式执行。

1.5.4　审批或特批的申请不应在公众听证会上详细展开，只需对具体需要解决的问题进行讨论。

1.5.5　以下标准与要求不应通过审批或特批修改：

a. 车道的最大尺寸（参见表3A）

b. 需要提供的后方道路和后巷

c. 最小基础居住密度（参见表14B）

d. 附属建筑的建造许可

e. 最低停车需求（参见表10）

1.6 演进

1.6.1　一部精明准则管控规划实施超过二十年后，除T1自然地区和T2乡村地区外，每个断面分区都应自动升级到上一级分区，除非在公众听证会上遭到立法机构的否定。

第一章可参考的附加准则*

本章可参考的附加准则可有如下内容：*经济适用房激励政策、经济适用房政策、城市总体规划、防灾减灾标准以及其他激励政策等政策性内容。*

---

*本书每一章节末都有可参考的附加准则。可参考增加的附加准则和精明准则一样也是规范性准则，附加准则是对精明准则范本的补充，对范本里没有涵盖的内容提出准则。根据不同的实际需求，会增加相应的内容，如减灾防灾、建筑类型、可持续发展等。这些附加准则可以与精明准则一起提出，也可以随后提供。

第二章 区域尺度规划

2.1 说明

2.1.1 本章适用于确定各个分区的区域尺度规划（区域规划）。市属区域内用地应依照本章编制，2.5节起介绍各个增长分区可采用的社区单元类型。第三、四章系统地规定了这些社区单元类型的标准。

2.1.2 区域规划应整合可管控的最大范围的地理区域，必要时与土地权属线重合，若可能的话则与城市边界重合。

2.1.3 第二章定义了分区类型，它们由开敞空间和增长分区组成。增长分区主要是有开发意图的社区单元。第三、四章对其进行了详细描述。多种增长分区组成了不同的断面分区，分区内的各要素在第五、六章中有相应解释。

2.1.4 区域规划应由规划部门并/或在规划部门的监督下编制。整个过程应有市民参与并得到立法机构的批准。

2.2 分区界定的次序

分区的界定应遵照如下次序：

2.2.1 保护的开敞地区（O1）：应依据2.3节的标准进行界定。此区域的边界为永久的乡村地区边界线。

2.2.2 保留的开敞地区（O2）：应依据2.4节的标准进行界定。此区域的边界为城市地区边界。受到新社区规划或填充式社区规划的影响，这类边界将不断地依据本准则进行调整。

2.2.3 填充增长区（G4）：应依据2.8节的要求进行界定，这类发展区可根据本准则第四章进行重新开发。

2.2.4 其余地区的开发应依据由本准则第三章授权后的新社区规划来完成。这些地区应依据本章的标准划分为限制增长区、控制增长区或重点增长区。这些分区中，组团式开发（CLD），传统邻里开发（TND）及区域中心开发（RCD）采用的社区单元类型应遵循表2的规定。

2.2.5　这四种增长分区也可依据现行当地准则进行开发。

2.2.6　对于不符合或不宜遵循现有社区单元类型的区域，应划为特殊功能区。参见2.9节。

2.2.7　应建立并实施一套开发权转移（TDR）程序，将开发权从保留的开敞地区（O2）转移到增长分区中，参见2.4.3节。

2.3　保护的开敞地区（O1）

2.3.1　保护的开敞地区应由永久性免于开发的开敞空间构成，包括在法律保护下的环境保护地区，以及通过收购、地役权使用或开发权转移得到的受保护的土地。

2.3.2　保护的开敞地区应包括以下土地类型：

　　a. 地表水域

　　b. 保护性湿地

　　c. 保护性栖息地

　　d. 滨水廊道

　　e. 已购开敞空间

　　f. 地役权保护用地

　　g. 交通走廊

　　h. 组团式开发中的开敞空间

2.3.3　在保护的开敞地区内进行的开发和建设活动，以及进行此类开发建设所需的要求，应由立法机构针对单独项目举办公众听证会决定。

2.4　保留的开敞地区（O2）

2.4.1　保留的开敞地区应由那些宜被保护但尚未限制开发的开敞空间组成。

2.4.2　保留的开敞地区应包括以下土地类型：

　　a. 河滩地，包括洪水灾害区

　　b. 坡地

　　c. 预留的开敞空间

　　d. 预留的廊道

　　e. 预留的缓冲区

　　f. 遗留的林地

g. 遗留的农田

h. 遗留的景观空间

2.4.3 保留的开敞地区是开发权转移转让区，是向控制增长区和重点增长区出售开发权的区域。购买了此类开发权的业主进行开发权转移接收区的开发时，居住密度可超出新社区规划的要求，如3.8节和表14b所示。开发权已转移的区域应规划为保留的开敞地区。规划部门应保存转让记录，更新相应的区域图纸。

2.4.4 （留给防灾减灾标准）

2.5 限制增长区（G1）

2.5.1 限制增长区是具有开敞空间价值却已存在开发意向的地区。之所以开发，或是因为已经在区划中明确开发意向，或是从长远看没有合法的辩护理由来否决这种开发。

2.5.2 在限制增长区中，应按本准则要求进行组团式开发（CLD）。

2.6 控制增长区（G2）

2.6.1 控制增长区应是临近现有或规划的重要道路而提倡混合使用土地的地区。

2.6.2 在控制增长区中，应按本准则要求进行组团式开发（CLD）和传统邻里开发（TND）。

2.6.3 任何位于现有或在建的轨道交通网络或快速公交（BRT）网络上的传统邻里开发（TND），可部分或整体重新规划为公交导向开发（TOD），并允许如5.9.2d节所述，通过有效停车奖励的方式批准更高居住密度的建设。重新规划为公交导向开发（TOD）需要经过特批。

2.7 重点增长区（G3）

2.7.1 重点增长区应是临近现有的和规划的区域型交通廊道而提倡用地高度混合使用的地区。

2.7.2 在重点增长区中，应按本准则进行区域中心开发（RCD）和传统邻里开发（TND）。

2.7.3　任何位于现有或在建的轨道交通网络或快速公交（BRT）网络上的传统邻里开发（TND）或区域中心开发（RCD），可部分或整体重新规划为公交导向开发（TOD），并允许如5.9.2d节所述，通过有效停车奖励的方式批准更高居住密度的建设。重新规划为公交导向开发（TOD）需要经过特批。

2.8　填充增长区（G4）

2.8.1　填充增长区应位于建成区域，具有利用填充式传统邻里开发（Infill TND）或填充式区域中心开发（Infill RCD）的模式来进行改造、确定或实施的潜力。

2.9　特殊功能区（SD）

2.9.1　特殊功能区是那些用地尺度、功能或形态不符合第三章中组团式开发（CLD）、传统邻里开发（TND）以及区域中心开发（RCD）要求的地区。

2.9.2　特殊功能区的开发条件应由立法机构组织的公众听证会来确定，并记录在表16内。另外，现行当地准则应适用于特殊功能区。

第二章可参考的附加准则

本章可参考的附加准则可有如下内容：城市总体规划、防灾减灾标准、场所类型、滨河湿地缓冲区、住宅市场、零售市场等方面内容。还可增加可持续城市主义中的农业生产类型、太阳能、树冠覆盖、车辆行驶里程和风能等内容。

第三章 新社区规划

3.1 说明

3.1.1 本章内容适用于区域尺度规划（区域规划）对应的增长分区，有需求的业主应遵守本章的规定。

3.1.2 在区域规划或总体规划缺失的情况下，新社区规划可在立法机构的许可下编制。新社区规划可包含一个或多个社区单元，以及/或一种以上的社区单元类型。

3.1.3 一旦综合评审委员会（CRC）或立法机构通过了一部新社区规划，该片区应成为新的社区规划区并应在城市区划图上标注。在社区规划区中，本准则应是唯一的强制性区划规章，适用于所有地块。

3.1.4 按本准则制定的新社区规划，若与区域规划部门的相关要求一致且没有需要特批的内容，则应由综合评审委员会（CRC）进行批准。

3.1.5 新社区规划可由业主或规划部门编制。

3.1.6 新社区规划范围内的各个社区单元，应按照本章的要求编制精明准则管控规划，包括下列图纸中的一个或多个：

a. 断面分区

b. 公共区域

c. 道路路网

d. 特殊功能区（如果有的话）

e. 特殊要求（如果有的话）

f. 需要审批或特批的部分（如果有的话）

3.1.7 新社区规划应包含一套含各断面分区的总平面设计方案，如表15（A-D）和5.1.3a节所示。

3.2 社区规划的次序

3.2.1 社区应由一个或多个步行范围（Pedestrian Shed）构成，具体范围宜

　　　　根据现状道路交叉口、相邻地块开发情况、自然特征等现状条件确
　　　　定。整个社区或其中的任何社区单元可小于或大于它的步行范围。

3.2.2　对步行范围进行调整时，可纳入步行范围之间或之外的土地，但不应
　　　　超过相应社区单元类型的面积限制（3.3节）。调整后的步行范围即
　　　　为社区单元的范围。

3.2.3　断面分区的面积（3.4节）应根据所属类型分配到各社区单元的范围
　　　　内。参见3.3节和表14a。

3.2.4　应按3.5节要求设置公共区域。

3.2.5　如有特殊功能区，应按3.6节的要求进行布局。

3.2.6　道路网络应按3.7节的要求进行设置。

3.2.7　居住密度应按3.8节的要求进行计算。

3.2.8　调整后的步行范围之外的用地应经审批纳入适宜的断面分区或公共空
　　　　间，或者经特批纳入特殊功能区。

3.3　社区单元类型

3.3.1　组团式开发（CLD）

　　　　a. 组团式开发应适用于限制增长区（G1）和控制增长区（G2）。

　　　　b. 组团式开发应组织在一个五分钟步行范围（Standard Pedestrian Shed）
　　　　　　内，面积应为30～80英亩（1英亩≈4046.86平方米）。

　　　　c. 组团式开发应包含的断面分区如表2、表14a所示。至少50%的社区
　　　　　　单元用地应永久纳入T1自然地区和／或T2乡村地区。

3.3.2　传统邻里开发（TND）

　　　　a. 传统邻里开发应适用于控制增长区（G2）、重点增长区（G3）和
　　　　　　填充增长区（G4）。

　　　　b. 控制增长区（G2）和重点增长区（G3）内的传统邻里开发应在一
　　　　　　个五分钟步行范围或线型步行范围（Linear Pedestrian Shed）内进
　　　　　　行组织，面积应为80～160英亩。填充增长区（G4）中填充式传统
　　　　　　邻里开发的面积要求参见第四章。

　　　　c. 传统邻里开发应包含的断面分区如表2、表14a所示。

　　　　d. 应将较大的场地划分为多个社区单元，每个单元按照表2和表14中
　　　　　　相应的断面分区要求进行设计与开发。鼓励相邻地块同步规划。

　　　　e. 在T4一般城市地区规划居住建筑时，应达到表9中至少三种建筑布

局的混合布置（各类占比均不低于20%）。

3.3.3　区域中心开发（RCD）

a. 区域中心开发应适用于重点增长区（G3）和填充增长区（G4）。

b. 重点增长区（G3）中的区域中心开发应在一个十分钟步行范围（Long Pedestrian Shed）或线型步行范围内进行组织，面积应为80~640英亩。填充增长区（G4）中填充式区域中心开发的面积要求参见第四章。

c. 区域中心开发应包含的断面分区如表2、表14a所示。

d. 较大的区域中心开发地区可由一个或多个紧邻的传统邻里开发区组成，每个区域按照表2和表14中相应的断面分区要求进行设计与开发。鼓励相邻地块同步规划。

3.3.4　公交导向开发（TOD）

a. 任何位于现有或在建的轨道交通网络或快速公交（BRT）网络上的传统邻里开发（TND）或区域中心开发（RCD），可部分或整体重新规划为公交导向开发（TOD），并允许如5.9.2d节所述，通过有效停车奖励的方式批准更高居住密度的建设。

b. 重新规划为公交导向开发（TOD）需要经过特批。

3.4　断面分区

3.4.1　应根据表2和表14a确定各断面分区的比例，并体现在新社区规划图纸中。

3.4.2　每个断面分区可包括所属分区中的任意要素，具体内容可参照表1的描述和表14中的具体指标。

3.5　公共区域

3.5.1　概要

a. 公共区域是每个社区单元必需的公共用途区域，在新社区规划中分为公共空间（CS）和公共建筑（CB）。

b. 公共空间是指永久性对公众开放的开敞空间。

c. 公共建筑是指由非营利性机构运营的建筑设施。用于文化、教育、宗教、管理、交通和公共停车功能，或是经立法机构批准的其他功能。

  d. 小于20%步行范围面积的公共区域可经审批通过，面积超出的可定
   义为特殊功能区。参见3.6节。

  e. 公共区域的停车规定应经审批通过。若停车位已被分级安排、集中
   设置或已进行景观化处理，可不对公共停车场进行铺装。

3.5.2 T1、T2地区的公共区域

  a. 在T1自然地区和T2乡村地区内设置公共建筑和公共空间应经特批
   通过。

3.5.3 T3～T6地区的公共空间（CS）

  a. 每个步行范围内应有不少于5%的用地用于公共空间建设。

  b. 公共空间应按表13的要求进行设计并经审批通过，表14e列出了不
   同公共空间适用的断面分区。

  c. T1自然地区中的开发片区应被视为公共空间的组成部分，宜符合表
   13a、表13b所列的公共空间类型。

  d. 每个步行范围内应至少包含一个主要公共空间，位于步行范围中心
   800英尺（1英尺≈0.3米）之内。因地形条件、现状道路或其他因素
   而无法划定公共空间的情况除外。主要公共空间应符合表13b、表
   13c或表13d所列的任一类型。

  e. 每个居住区域都应在800英尺半径内的公共空间中设置一个儿童活
   动场，该场地应符合表13e的要求。

  f. 每个公共空间应有至少50%的周长面向道路，儿童活动场除外。

  g. 公共空间在审批后可设置在特殊功能区内。

  h. 公园在经审批后可设置在T4一般城市地区、T5城市中心区和T6城
   市核心区内。

3.5.4 T3～T6地区的公共建筑（CB）

  a. 业主们应在每个步行范围内协议建造一个社会集会场所或其他类型
   的公共场地。相应的公共临街界面应设置遮阳棚，并为公交站点设
   置座椅。

  b. 应有预留为小学的公共建筑地块，面积不小于三英亩，且应按居住
   区规划中每增长100个居住单元需增加一英亩面积来计算。学校场
   地可位于任意断面分区中。活动场地宜处于步行范围之外。

  c. 每个步行范围内应预留一座面向学前儿童的公共教育建筑。业主、
   业主协会或其他社区委员会可随着需求的增长来组织、资助并建造

适宜的建筑。

d. 公共建筑占地不应超过每个步行范围面积的20%。

e. 公共建筑宜选址在公共空间之内或附近，也可位于一条主要道路轴线的端头。

f. 公共建筑不应受制于第五章的设计要求。其详细设计方案应经审批通过。

g. 特殊功能区中的公共建筑可经审批通过后进行建设。

3.6　特殊功能区

3.6.1 因用地尺度、功能、形态无法归为某类断面分区或混合断面分区的区域，应被划定为特殊功能区。特殊功能区的开发条件应由立法机构组织的公众听证会来决定并记录在表16中。

3.7　道路标准

3.7.1 概要

a. 道路是供车辆和行人使用的联系地块和开敞空间的通道。

b. 道路通常应包含车行道和公共临街界面。

c. 道路设计应基于城市形态并考虑途经的断面分区对应的设计车速。对于穿越两个断面分区的连接性道路，其公共临街界面应根据道路区段所处的断面分区做出调整。或者，断面分区可沿道路方向扩展到相邻地块内，沿道路轨迹保留单一的公共临街界面。

d. 在最为乡村化的断面分区（T1、T2）中，行人舒适度应是道路设计考虑的次要因素。当车行与步行发生冲突时，设计决策通常应倾向于车行。在较为城市化的断面分区（T3～T6）中，行人舒适度应是道路设计考虑的首要因素。当车行与步行发生冲突时，设计决策通常应有利于行人。

e. 路网应能够定义街区边界，确保街区尺寸符合表14c的要求。街区周长按临街地块红线的总长度计算。开发地区边缘地块的周长应由行政机构审批确定。

f. 道路应相互连通从而形成交通网络。内部道路应尽量与相邻地块的道路相连。尽端路只能在审批允许的情况下应用于特定场地。

g. 一个断面分区内20%的地块可与步行小径相邻，其余地块都应紧邻车行道。

h. B类路网中的道路可通过行政机构审批，而免于遵守有关公共临街界面或私有临街界面的特定要求。参见表7。

i. 步行路和自行车道的标准应经审批确定。

j. 特殊功能区中的道路标准应经特批确定。

3.7.2 车行道

a. 包括用于停放、行驶机动车和自行车的不同宽度的车行道。车行道的标准应如表3A所示。

b. 包含自行车专用路、混行自行车道和自行车车道的自行车网络宜按第七章术语释义和表14d的要求进行规划建设。混行自行车道宜在路面上标注共用车道标识。社区自行车网络应尽可能广泛地连接到现有或规划的区域路网中。

3.7.3 公共临街界面

a. T1、T2、T3、T4、T5、T6地区的一般规定

　i. 公共临街界面的要素有助于形成各断面分区的特征，包括各类型的人行道、路缘石、植被、自行车设施和行道树。

　ii. 公共临街界面应按表4A和表4B进行设计，并对应表14d中相应断面分区的要求。

　iii. 公共临街界面中，植被和照明设施的类型和布置方式应如表4A、表4B、表5和表6所示。特定场地可在审批允许后有所调整。

b. T1、T2、T3地区的特殊规定

　i. 公共临街界面的植被应包含多种类型的树木及低矮灌木，以自然的簇群式分布。

　ii. 种植景观植被时，应主要选择对灌溉、施肥和养护要求低的本地品种。未经行政机构审批不得铺设草坪。

c. T4、T5、T6地区的特殊规定

　i. 景观植被应主要选择抗土壤板结的耐久性品种。

d. T4地区的特殊规定

　i. 公共临街界面应为单一树种或交替树种有序排列组成的林荫路。树木成熟期的树冠应至少达到一层楼高。

e. T5、T6地区的特殊规定

　i. 公共临街界面应为单一树种或交替树种有序排列组成的林荫小

径。树木成熟期的树冠应至少达到一层楼高。零售型临街界面的树木可不按规律种植，避免对店面造成视线遮挡。

ii. 道路红线小于等于40英尺的街道不应遵循种植树木的相关规定。

3.8　居住密度计算

3.8.1　新社区规划中不属于保护的开敞地区（O1）的用地应计入净用地面积。净用地面积应按表14a规定的比例划分到不同断面分区中。

3.8.2　居住密度应以每英亩的住房数量为单位计算，得出表14b规定的各断面分区的基础居住密度。为了增加居住密度计算的合理性，断面分区应包含道路面积，但不包含公共空间用地。10%的住房应是经济适用房。

3.8.3　社区单元的基础居住密度可根据开发权转移（TDR）的情况适当增加，但不可超过表14b中各断面分区的居住密度要求。15%的通过开发权转移（TDR）增加的房屋面积应作为经济适用房。

3.8.4　表14b中"其他类型"功能的居住密度应按照如下比例进行替换：

a. 住宿类用房：2个卧室相当于1个居住密度中的居住单元。

b. 办公与零售用房：1000平方英尺相当于1个居住密度中的居住单元。

c. 居住单元的替换数量应经审批通过后确定。

3.8.5　每个断面分区中的住房和其他类型用房应遵循建筑类条文的要求进一步调整。建筑类条文参见表10、表11和5.9节。

3.9　特殊要求

3.9.1　新社区规划可制定下列特殊规定：

a. 划分出A类路网和B类路网，对两类道路进行差异化管理。沿A类路网的建筑应遵循本准则的最高标准，优先考虑人行活动。沿B类路网的建筑可更多考虑经审批通过的机动车先行标准。B类路网的临街界面不应超过该步行范围临街界面长度总和的30%。

b. 对于强制设置和/或建议设置的零售型临街界面，应要求或建议建筑物将其与人行道相连的全部私有临街界面设置为店铺门面。店铺门面的玻璃立面占比不应小于70%，人行道上方的遮阳棚应符合表7和第五章的规定。商业用途的首层房屋进深应超过地块的第二层次（表17d）。

c. 对于强制设置和/或建议设置的檐廊型临街界面，应要求或建议建筑在人行道上方以悬挑或者立柱支撑的形式提供固定的屋檐。檐廊型临街界面可与零售型临街界面相结合。

d. 对于强制设置和/或建议设置的拱廊型临街界面*，建议采用首层柱廊、二层及以上建筑出挑覆盖人行道空间的建筑形式。拱廊型临街界面可与零售型临街界面相结合。

e. 要求公共临街界面（表4A）与私有临街界面（表7）相互协调，形成一致的景观风貌和街道铺装，凸显整体性。

f. 对于强制设置和/或建议设置的轴线对景建筑，要求或建议设置为标志性建筑，建筑应展示地域特色，方案需要经综合评审委员会（CRC）批准通过。

g. 建筑之间至少保留8英尺宽的人行道，以满足设置街区内道路的需求。

h.对于有一定历史价值的建筑，如改建或拆除其建筑及结构必须参照市级保护标准和条例进行。

第三章 可参考的附加准则

本章可参考的附加准则可有如下内容：经济适用房政策、循环标准、减灾防灾标准、自然排水标准、低影响开发工具列表等政策性内容；也可以增加滨河湿地缓冲区、场地类型、道路规划、都市农业、照明设计、住宅市场、零售市场等设计研究内容；还可增加可持续城市主义中建筑朝向、资源循环利用、农业生产类型、公共领域照明、遮光措施、太阳能、雨水管理、建筑体形系数、树冠覆盖、车辆行驶里程、风能、零能耗建筑等内容。

---

*译者注："拱廊"与我国南方沿海城市的"骑楼"形式相似。

第四章　填充式社区规划

4.1　说明

4.1.1　对于区域规划（第二章）中的填充增长区（G4）或其他规划为填充式增长的地区，规划部门应编制或提供填充式精明准则管控规划来引导下一步开发。填充式精明准则管控规划应在立法机构批准后编制，编制过程中应执行公众咨询程序。

4.1.2　填充式精明准则管控规划应至少规定出步行范围的尺寸，并与4.2节中的社区单元类型相对应。规划部门应基于现状情况，依照规划发展来确定社区单元类型。

4.1.3　填充式精明准则管控规划应包含如下的一种或多种图纸：

　　a. 一个或多个步行范围的规划边界和社区单元的边界

　　b. 每个步行范围内，根据现状和未来需求确定断面分区类型和公共区域范围

　　c. 现状或规划的道路路网（表3A、表3B、表4A、表4B和表4C）

　　d. 任一特殊功能区（4.5节）

　　e. 任一特殊要求（4.7节）

　　f. 任一审批或特批记录

4.1.4　在已获批的填充式精明准则管控规划里的任一地区，本准则是唯一的强制性规定。规划区内的业主可根据本准则中第五章的规定提交建筑尺度规划方案。无须特批的建筑尺度规划方案应由综合评审委员会（CRC）批准通过。

4.1.5　在填充式精明准则管控规划控制的地区中，单独片区或连续片区的土地，连片面积超过10英亩的，其土地所有者可申请编制特殊片区规划。根据规划部门要求，特殊片区规划可按本准则要求制定新的断面分区、公共区域、道路、特殊功能区和/或特殊要求，并可应用到相邻地块。特殊片区规划可经审批通过后施行。

4.1.6　单独片区或连续片区的土地，连片面积超过30英亩的，无论是否编制

过填充式精明准则管控规划，其土地所有者均可着手编制新社区规划。对于填充增长区（G4）或是规划部门指定为填充式开发的其他地区，其新社区规划应按4.2节要求，根据所属社区单元类型调整步行范围的尺寸，即便该片区与相邻片区有所重叠。场地和规划区宜与周边城市化地区连接并融为一体。

4.2　社区单元类型

4.2.1　填充式精明准则管控规划应包含如下的一个或多个社区单元类型。不必遵循表14a中的分配比例。

4.2.2　填充式传统邻里开发（Infill TND）

　　a.填充式传统邻里开发宜用于邻里街区，以住宅为主，包含一个或多个功能混合的廊道或中心。在空间上应至少包含一个完整的五分钟步行范围，也可以是基于路网调整后的五分钟步行范围，并融入一个或多个现有或规划的公共目的地。

　　b.填充式传统邻里开发地区宜与周边街区和/或城市中心区紧密相连，中间无须缓冲空间。

4.2.3　填充式区域中心开发（Infill RCD）

　　a.填充式区域中心开发宜用于城市中心区，包括重要的办公区、零售区及政府和其他具有区域重要性的城市机构组织。在空间上应至少包含一个完整的十分钟步行范围或线型步行范围，也可以是基于路网调整后的十分钟步行范围或线型步行范围，融入重要的混合使用的廊道或城市中心。

　　b.填充式区域中心开发地区宜与周边街区紧密相连，中间无须缓冲空间。

4.2.4　填充式公交导向开发（Infill TOD）

　　a.任何位于现有或在建的轨道交通网络或快速公交（BRT）网络上的填充式传统邻里开发或填充式区域中心开发，可部分或整体重新规划为公交导向开发（TOD），并允许如5.9.2d节所述，通过有效停车奖励的方式批准更高居住密度的建设。

　　b.重新规划为公交导向开发（TOD）应经过特批。

4.3　断面分区

4.3.1　填充式精明准则管控规划中的断面分区标准宜通过现状调研、规划需求确认等方式进行核对。这些标准需经公众咨询程序确定并经立法机构授权。形成的指标应记录在表14和表15中。

4.3.2　各断面分区应包含第三章、第五章和第六章所示的要素。

4.4　公共区域

4.4.1　概要

a. 填充式规划宜划定出公共空间（CS）和公共建筑（CB）的范围。

b. 步行范围面积小于20%的公共区域可经审批通过，面积超出的可定义为特殊功能区。参见3.6节及4.5节。

c. 公共区域的停车规定应经审批通过确定。

4.4.2　公共空间（CS）

a. 公共空间应如表13所述进行设计。公共空间的类型取决于周边环境或相邻断面分区，应经公众咨询程序后由立法机构批准后确定。

4.4.3　公共建筑（CB）

a. 公共建筑在任何断面分区上都需要经特批允许后建设，或是在填充式精明准则管控规划中的公共区域上经审批预留位置。

b. 公共建筑不应受限于第五章的要求，其详细设计方案应经审批允许后施行。

4.5　特殊功能区

4.5.1　在填充式规划的编制过程中，因用地尺度、功能、形态无法归为某类断面分区或多个断面分区的区域应由规划部门划为特殊功能区。特殊功能区的开发条件应由立法机构的公众听证会确定并记录在表16中。

4.6　建成区

4.6.1　不符合本准则的现状建筑和附属建筑可延续现有的功能与形态，直至需要进行实质性修改。届时，综合评审委员会（CRC）应按本准则确定的相应规定进行审查。

4.6.2 已获得房屋使用许可的现状建筑，不必进行翻新以满足本准则中的建筑标准。当该建筑进行翻新改造时，可在原有规章基础上参考本准则的要求。

4.6.3 如果现状建筑的改造方式与本准则的意图大致相同，该改造可按本准则执行。

4.6.4 若相邻地块上有其他建筑，综合评审委员会（CRC）可要求拟建建筑的退线和高度与相邻的一个或多个建筑协调，不必满足本准则的规定。

4.6.5 地方保护组织指定的保护建筑，或是（即将）被地方、州或国家确定为历史遗迹的建筑，其加建或改造应经地方保护组织批准。

4.6.6 对现状建筑进行修缮与改造时，无须要求加设额外的停车位或雨水收集装置。超出本准则规定的现状停车要求可根据表10和表11调整降低。

4.7 特殊要求

4.7.1 填充式社区规划可制定下列特殊规定：

a. 划分出A类路网和B类路网，对两类道路进行差异化管理。沿A类路网的建筑应遵循本准则的最高标准，优先考虑人行活动。沿B类路网的建筑可更多考虑经审批通过的机动车先行标准。沿B类路网的临街界面不应超过步行范围总临街界面长度总和的30%。

b. 对于强制设置和/或建议设置的零售型临街界面，应要求或建议设置为店铺门面私有临街界面。店铺门面的玻璃立面占比不应小于70%，人行道上方的遮阳棚应符合表7和第五章中的规定。商业用途的首层房屋进深应超过地块的第二层次（表17d）。

c. 对于强制设置和/或建议设置的檐廊型临街界面，应要求或建议建筑在人行道上方以悬挑或者立柱支撑的形式提供固定的屋檐。檐廊型临街界面可与零售型临街界面相结合。

d. 对强制设置和/或建议设置的拱廊型临街界面，建议采用首层柱廊、二层及以上建筑出挑覆盖人行道空间的建筑形式。拱廊型临街界面可与零售型临街界面相结合。

e. 要求公共临街界面（表4A）与私有临街界面（表7）相互协调，形成一致的景观风貌和街道铺装，凸显整体性。

f. 对于强制设置和/或建议设置的轴线对景建筑，要求或建议设置为标志性建筑，建筑应展示地域特色，方案需要经综合评审委员会（CRC）批准通过。

g. 建筑之间至少保留8英尺宽的人行道，以满足设置街区内道路的需求。

h. 对于有一定历史价值的建筑，如改建或拆除其建筑及结构必须参照市级保护标准和条例进行。

第四章可参考的附加准则

本章可参考的附加准则可有如下内容：经济适用房政策、循环标准、减灾防灾标准、自然排水标准、低影响开发工具列表等政策性内容；也可以增加滨河湿地缓冲区、场地类型、都市农业、道路规划、郊区更新、照明设计、住宅市场、零售市场等设计研究内容；还可增加可持续城市主义中建筑朝向、资源循环利用、农业生产类型、公共领域照明、遮光措施、太阳能、雨水管理、建筑体形系数、树冠覆盖、车辆行驶里程、风能、零能耗建筑等内容。

第五章　建筑尺度规划

5.1　说明

5.1.1　经立法机构批准的新社区规划或填充式社区规划中的地块和建筑物应遵循本章要求进行设计。

5.1.2　业主和开发商可根据本章规定完成设计方案。方案需由综合评审委员会（CRC）进行授权。

5.1.3　依本章节要求形成的建筑方案和场地规划应包含以下内容，且符合本章所述的标准：

　　a. 场地和建筑的前期授权：

　　·建筑布局

　　·建筑形态

　　·建筑功能

　　·停车场布置标准

　　b. 最终授权附加条目（除a中所提到的之外）：

　　·景观标准

　　·标识标准

　　·可能的特殊要求

　　·防灾减灾标准

　　·自然排水标准

　　·建筑标准

　　·照明标准

　　·噪声标准

　　·可视性标准

5.1.4　本准则中未提及的特殊功能区应依据已有区划标准进行管控。

5.2　现状建筑

5.2.1　不符合本准则的现状建筑和附属建筑可延续现有的功能，直至需要进

行实质性修改。届时，综合评审委员会（CRC）应按本准则确定的相
应规定进行审查。

5.2.2　已获得房屋使用许可的现状建筑，不必进行翻新以满足本准则中的建
　　　筑标准。当该建筑进行改造时，可在原有规章的基础上参考本准则的
　　　要求。

5.2.3　如果现状建筑的改造方式与本准则的意图大致相同，该改造可按本准
　　　则执行。

5.2.4　若相邻地块上有其他建筑，综合评审委员会（CRC）可要求拟建建
　　　筑的退距和高度与相邻的一个或多个建筑协调，不必满足本准则的
　　　规定。

5.2.5　地方保护组织指定的保护建筑，或是（即将）被地方、州或国家确定
　　　为历史遗迹的建筑，在加建或改造时应经地方保护组织批准。

5.2.6　对现状建筑进行修缮与改造时，无须要求加设额外的停车位或雨水
　　　收集装置。超出本准则规定的现状停车要求可根据表10和表11调整
　　　降低。

5.3　特殊要求

5.3.1　新社区规划和存量社区规划可制定下列特殊规定：

　　　a. 沿A类路网的建筑应遵循本准则的最高标准，优先考虑人行活动。
　　　　沿B类路网的建筑可更多考虑经审批通过的机动车先行标准。

　　　b. 对于强制设置或建议设置的零售型临街界面，应要求或建议建筑
　　　　物将其与人行道相连的全部和有临街界面设置为店铺门面。店铺门
　　　　面的玻璃立面占比不应小于70%，人行道上方的遮阳棚应符合表7
　　　　和第五章的规定。商业用途的首层房屋进深应超过地块的第二层次
　　　　（表17d）。

　　　c. 对于强制设置或建议设置的檐廊型临街界面，应要求或建议建筑
　　　　在人行道上方以悬挑或者立柱支撑的形式提供固定的屋檐（如表7
　　　　所示）。檐廊型临街界面可与零售型临街界面相结合。

　　　d. 对强制设置或建议设置的拱廊型临街界面，建议采用首层柱廊、二
　　　　层及以上建筑出挑覆盖人行道空间的建筑形式（参见表7、表8）。
　　　　拱廊型临街界面可与零售型临街界面相结合。

　　　e. 要求公共临街界面（表4A）与私有临街界面（表7）相互协调，形

成一致的景观风貌和街道铺装，凸显整体性。

f. 对于强制设置或建议设置的轴线对景建筑，要求或建议设置为标志性建筑，建筑应展示地域特色，方案需要经综合评审委员会（CRC）批准通过。

g. 建筑之间至少保留8英尺宽的人行道，以满足设置街区内道路的需求。

h. 对于有一定历史价值的建筑，如改建或拆除其建筑及结构必须参照市级保护标准和条例进行。

5.4 公共区域

5.4.1 概要

a. 公共区域是指社区规划中的公共空间（CS）和公共建筑（CB）。

b. 公共区域的停车规定应经审批通过确定。

5.4.2 公共空间（CS）

a. 公共空间应如表13进行设计。

5.4.3 公共建筑（CB）

a. 公共建筑不应受制于本章的设计要求。其详细设计方案应经确定。

5.5 T1自然地区的特殊规定

5.5.1 T1自然地区内的建设必须通过特批准许。T1自然地区的建设许可和第五章提及的建筑标准应在立法机构的公众听证会中进行特批。

5.6 建筑布局

5.6.1 T2地区的特殊规定

a. 建筑布局应通过审批确定。

5.6.2 T3、T4、T5、T6地区的特殊规定

a. 新地块应按表14f和表15的要求设计。

b. 建筑布局类型应如表9和表14i所示。

c. 建筑应基于表14g、表14h和表15中对于场地边界的要求进行设计。

d. 临街界面上的主体建筑和在其后侧的附属建筑可参见表17c建造。

e. 地块内的硬化覆盖率不应超过表14f和表15的规定。

f. 建筑立面应平行于直线形主临街界面或曲线形主临街界面的切线方向，建筑附加构件的贴线率应满足最小值要求。建筑贴线率参考表14g和表15。

g. 主体建筑的建筑退线应如表14g和表15所示。对于填充式地块，建筑退线应与现有相邻地块上的建筑退距相匹配，或可通过行政审批进行调整。

h. 附属建筑的后侧建筑退线应距后侧街巷中心线至少12英尺。没有后侧街巷时，后侧建筑退线应如表14h和表15所示。

i. 为适应超过10%坡度的场地，正面的建筑退线距离可经行政审批后缩小。

5.6.3　T6地区的特殊规定

a. 主要建筑入口应设在临街界面上。

5.7　建筑形态

5.7.1　T2、T3、T4、T5、T6地区的一般规定

a. 建筑的私有临街界面应符合表7和表14j的要求。

b. 转角地块上的建筑应如表17所示有两个私有临街界面。场地第二层次和第三层次的规定仅适用于主要临街界面，第一层次的规定适用于两个临街界面。

c. 首层建筑立面采用透明玻璃的面积不应少于首层立面的30%。

d. 建筑高度、退台以及建筑出挑控制线应符合表8和表14j的规定。

e. 一般楼层层高（从地板到天花板）不可超过14英尺。商业用途的首层层高应为11~25英尺。首层层高超过14英尺或25英尺的应计为两个楼层。夹层面积超过楼层面积33%的区域应计为附加楼层。

f. 对于停车楼和车库，每个高于地面的楼层计为一个楼层，不必考虑与居住区域的楼层关系。

g. 阁楼、抬高的地下室、桅杆、钟楼、钟塔、烟囱烟道、水箱和电梯间不受高度限制。阁楼高度不应超过14英尺。

5.7.2　T2、T3、T4、T5地区的特殊规定

a. 主体建筑中有居住功能的附属单元或附属建筑，面积不应超过440平方英尺（不含停车面积）。

5.7.3　T3地区的特殊规定

a. 私有临街界面不可侵占人行道。

b. 开放性门廊可占场地第一层次进深的50%，如表17d所示。

c. 阳台和凸窗可占场地第一层次进深的25%，门廊屋顶上的阳台可与门廊占据范围一致。

5.7.4　T4地区的特殊规定

a. 阳台、开放性门廊和凸窗可占场地第一层次进深的50%，如表17d所示。

5.7.5　T5、T6地区的特殊规定

a. 遮阳棚、拱廊和檐廊最多可超出道路红线2英尺，但必须保证人行道上至少8英尺的净空高度。

b. 建筑拱廊的最大侵占高度（建筑出挑控制线）应如表8所示。

c. 主入口、天井、阳台、凸窗和露台可占场地第一层次进深的100%，如表17d所示。

d. 临街界面内设置装卸货场地和服务区应经过审批准许。

e. 在临街界面上的任何建筑立面缺失处，应设置与周边立面相匹配的街道围挡。

f. 街道围挡高度宜为3.5～8英尺。街道围挡如果由树篱或围栏代替，需经审批允许。街道围挡的开口在确保机动车与行人通过的前提下不应增加不必要的宽度。

g. 住宅或住宿用途的首层地面高度应比平均的人行道高度高至少2英尺。

5.8　建筑功能

5.8.1　T2、T3、T4、T5、T6地区的一般规定

a. 每个断面分区的建筑应符合表10、表12和表14i所列的功能要求。特殊功能应符合表12要求并经过审批或特批。

5.8.2　T2、T3地区的特殊规定

a. 应允许在附属建筑中安排受严格限制的住宿旅馆或办公功能，参见表10。

5.8.3　T4、T5地区的特殊规定

a. 应允许在附属建筑中安排受限制的住宿旅馆或办公功能，参见表10。

5.8.4　T5、T6地区的特殊规定

a. 应允许将建筑首层用于商业功能。

b. 可通过特批将建筑首层用于生产制造功能。

5.9　停车和居住密度计算

5.9.1　T2、T3地区的特殊规定

a. 居住密度应由场地中提供的实际停车位数量决定，停车位数量与建筑功能有关，按表10和表11的要求设置。

5.9.2　T4、T5、T6地区的特殊规定

a. 居住密度应由场地提供的实际停车位总数决定，包括：①场地内的停车位；②沿临街界面的停车位；③在步行范围内通过购买或租赁的公共停车位。

b. 实际停车位数量可根据表11中的混合功能车位数来调高，以确定有效停车数量。混合功能车位数可用于任意相邻地块的任意两种功能混合的地区。

c. 基于有效停车数量，规划的建筑密度可根据表10确定。

d. 公交导向开发（TOD）覆盖范围内的有效停车数量最高可调升30%。

e. 每个断面分区的总居住密度不应超过已批准的精明准则管控规划的规定（参见第三章、第四章）。

f. 附属单元不计入居住密度计算。

g. 若遮挡建筑的进深不超过30英尺且高度不超过两层，应不受停车限制要求。

5.10　停车场布置标准

5.10.1　T2、T3、T4、T5、T6地区的一般规定

a. 精明准则管控规划中确定的停车场应通过后巷和后方道路进入。

b. 临街界面内的露天停车场应有建筑或街道围栏进行遮挡。

   c.B类路网临街界面的露天停车场可在经过审批后不进行遮挡，与A
   类路网交叉口的转角地块除外。

5.10.2 T2、T3地区的特殊规定

  a.露天停车场应位于场地的第二层次和第三层次内，此外，地块
   内车道、落客区和未铺装的停车场可位于场地的第一层次内（表
   17d）。

  b.车库应设置在场地的第三层次内。经过审批后可在第一层次或第二
   层次内设置车库，采用从场地侧方或后方进入的停车方式。

5.10.3 T3、T4地区的特殊规定

  a.场地第一层次内临街界面的地块内车道宽度不应超过10英尺（表
   3B.f）。

5.10.4 T4地区的特殊规定

  a.停车场和车库都应设在场地的第二或第三层次内（表17d）。

5.10.5 T5、T6地区的特殊规定

  a.所有停车位、车库和停车楼都应设在场地的第二或第三层次内
   （表17d）。

  b.临街界面内的停车位、车库和停车楼的车辆入口宽度不应超过24英
   尺（表3B.f）。

  c.停车位、车库和停车楼的人行出口应直接连到临街界面中（而不直
   接到建筑中）。除非停车场位于地下室，其人行出口可在建筑中。

  d.A类路网上的停车楼应在首层和二层设置外围遮挡建筑。

  e.公共或私有临街界面中，每十个停车位应至少配置一个自行车停
   放架。

5.11 景观标准

5.11.1 T2、T3、T4、T5、T6地区的一般规定

  a.非渗透性场地面积应按表14f的硬化覆盖率要求进行控制。

5.11.2 T2、T3、T4地区的特殊规定

  a.场地的第一层次可不进行铺装，5.10.2节和5.10.3节中所列的地块内
   车道除外（表17d）。

5.11.3 T3地区的特殊规定

a. 场地的第一层次内，沿临街界面每30英尺应至少栽种两株树木。

b. 树种可选择表6中的单个或多个品种。

c. 树木应呈自然的组团式分布。

d. 铺设草坪应通过审批进行。

5.11.4 T4地区的特殊规定

a. 场地的第一层次内，沿临街界面每30英尺处应至少栽种一株树木。

b. 树种应是单一品种且与公共临街界面的行道树品种匹配，或如表6
所示。

c. 铺设草坪应按本准则执行。

5.11.5 T5、T6地区的特殊规定

a. 场地的第一层次内不应种植树木。

b. 场地第一层次内的铺地可与公共临街界面的人行道铺地相匹配。

5.12 标识标准

5.12.1 T2、T3、T4、T5、T6地区的一般规定

a. 除本节确立的标识外，不应设置其他标识。

b. 门牌号码牌的高度不超过6英寸，应设置在靠近建筑主要入口或信
箱处。

5.12.2 T2、T3地区的特殊规定

a. 标识不应设置照明装置。

5.12.3 T4、T5、T6地区的特殊规定

a. 标识应采用外部照明。店铺橱窗内的标识可采用霓虹灯照明。

5.12.4 T2、T3、T4地区的特殊规定

a. 片状商业标识可在场地的第一层次内垂直于建筑立面永久设置，面
积不应超过4平方英尺，高度应高于人行道8英尺。

5.12.5 T5、T6地区的特殊规定

a. 片状标识可设置在每个独立的商业入口处，面积不超过6平方英
尺，宜垂直于建筑立面，高度应高于人行道8英尺。

b. 独立的外置永久性标识带可附在建筑立面上。标识高度不超过3英
尺且长度不限。

第五章可参考的附加准则

本章可参考的附加准则可有如下内容：建筑标准、循环标准、减灾防灾标准、照明设计、自然排水标准、噪声等级、住宅市场、零售市场、滨河湿地缓冲区、郊区更新、可视性标准等设计研究内容；还可增加可持续城市主义中建筑朝向、资源循环利用、农业生产类型、遮光措施、太阳能、雨水管理、建筑体形系数、风能、零能耗建筑等内容。

第六章 标准及图表

断面分区介绍

表1

此表介绍了不同断面分区的特征

T1 	**T1 自然地区** 接近原始状态的土地，包括因地势、水文或植被因素而不适宜居住的地区	基本特征: 农田及自然景观 建筑布局: 不适用 临街界面类型: 不适用 一般建筑高度: 不适用 公共空间类型: 公园、绿道
T2	**T2 乡村地区** 人烟稀少的地带，包括森林、农田、草原和可灌溉的沙漠。典型的建筑是农舍、农业用房、小屋和别墅	基本特征: 以农业功能为主，包含湿地、林地和散落的居民点 建筑布局: 多种退线方式 临街界面类型: 不适用 一般建筑高度: 1-2层 公共空间类型: 公园、绿道
T3	**T3 郊区** 由低密度居住地区组成，临界高密度区的地区出现混合使用。允许出现家庭居住单元和附属建筑。植被自然生长，建筑退线相对较远。街区相对较大，道路为适应自然条件顺势而建	基本特征: 草坪、四周有院子的独立住宅；间或有人行道 建筑布局: 正面和侧面有较大距离的退线 临街界面类型: 门廊、围栏和自然种植的树木 一般建筑高度: 1-2层，局部3层 公共空间类型: 公园、绿道
T4	**T4 一般城市地区** 由混合使用的土地组成，但以居住功能为主。建筑形态多种多样，有单体的、带院子的和联排式的住宅。退线和景观类型也是多样的，街道有路缘石和人行道，街区为中等大小	基本特征: 混合布置的独立住宅、联排式别墅、小型公寓及分散的商业点；自然景观和人工建设保持平衡 建筑布局: 有人行道 临街界面类型: 正面和侧面有较小或中等距离退线 一般建筑高度: 门廊、围栏和前院 公共空间类型: 2-3层，局部有少量较高的混合使用建筑 广场、绿地
T5	**T5 城市中心区** 密度较高的混合使用的土地，包含零售、办公、联排式住宅和公寓。路网较密，有宽阔的人行道，街道两侧种植行道树，建筑临街而建	基本特征: 与商业店铺混合布置的联排式别墅、大型公寓、办公建筑、公共建筑；基本有附属建筑；道路红线内种植行道树；有连续的人行道 建筑布局: 退线较小或没有退线；临街建筑靠近道路形成街道界面 临街界面类型: 主入口、店铺门面、檐廊 一般建筑高度: 3-5层，局部有一些不同高度的建筑 公共空间类型: 公园、小广场、广场；中等尺度的景观区
T6	**T6 城市核心区** 密度最大，建筑高度最高，功能极其多样，并有区域最重要的公共建筑。可能有大尺度的街区，街道两侧种植行道树，建筑紧临宽阔的人行道。一般情况下，只有较大的城市或城镇才有城市核心区	基本特征: 中高强度建设的混合用途建筑物；有商业娱乐、公共和文化设施；相连的建筑组成连续的街道界面；道路红线内种植行道树；高效的人行空间和交通空间 建筑布局: 退线较小或没有退线；临街建筑靠近道路形成街道界面 临街界面类型: 主入口、前院、前庭、店铺门面、檐廊、拱廊 一般建筑高度: 4层以上，局部有少量较低的建筑 公共空间类型: 公园、小广场、广场；中等尺度的景观区

分区/社区分配　　　　　　　　　　　　　　　　　表2

此表阐述了场地的地理状态，既包括自然要素也包括建设状况。明确了哪些地区可以开发，哪些需要保留保护。
以及不同分区中各种社区类型的开发强度。另外，此表对不同社区类型中的断面分区进行了比例分配。

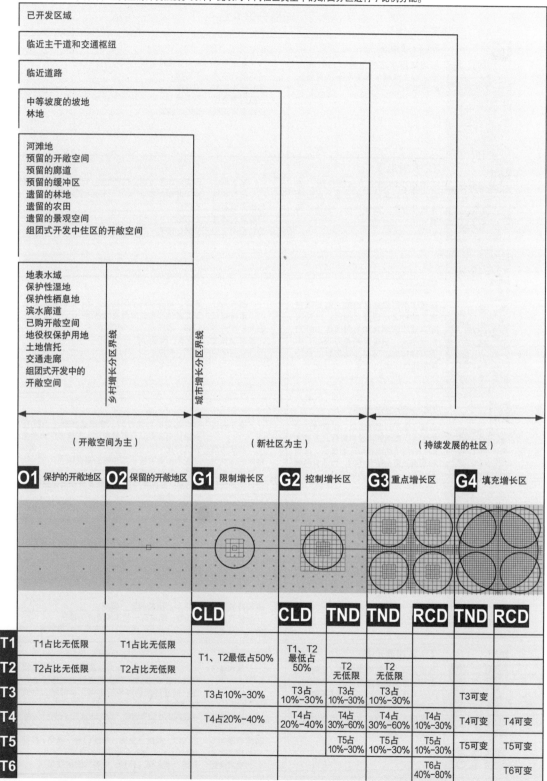

已开发区域

临近主干道和交通枢纽

临近道路

中等坡度的坡地
林地

河滩地
预留的开敞空间
预留的廊道
预留的缓冲区
遗留的林地
遗留的农田
遗留的景观空间
组团式开发中住区的开敞空间

地表水域
保护性湿地
保护性栖息地
滨水廊道
已购开敞空间
地役权保护用地
土地信托
交通走廊
组团式开发中的
开敞空间

乡村增长分区界线　　城市增长分区界线

（开敞空间为主）　　（新社区为主）　　（持续发展的社区）

	O1 保护的开敞地区	O2 保留的开敞地区	G1 限制增长区 CLD	G2 控制增长区 CLD	G2 控制增长区 TND	G3 重点增长区 TND	G3 重点增长区 RCD	G4 填充增长区 TND	G4 填充增长区 RCD
T1	T1占比无低限	T1占比无低限	T1、T2最低占50%	T1、T2最低占50%					
T2	T2占比无低限	T2占比无低限			T2无低限	T2无低限			
T3			T3占10%-30%	T3占10%-30%	T3占10%-30%	T3占10%-30%		T3可变	
T4			T4占20%-40%	T4占20%-40%	T4占30%-60%	T4占30%-60%	T4占10%-30%	T4可变	T4可变
T5				T5占10%-30%	T5占10%-30%	T5占10%-30%		T5可变	T5可变
T6							T6占40%-80%		T6可变

车行道尺寸 表3A

此表依照断面分区确定车行道宽度，设计平均日交通量（ADT）是其中的决定性因素。
表3B列举了一些典型的数值配置。对于卡车、公交走线及装载货车的特殊要求应经审批允许。

设计速度	车道宽度	T1	T2	T3	T4	T5	T6
低于20英里/时	8英尺	■	■	■	□		
20-25英里/时	9英尺	■	■	■	■	□	□
25-35英里/时	10英尺	■	■	■	■	■	■
25-35英里/时	11英尺	■				■	■
超过35英里/时	12英尺	■	■			■	■

设计速度	停车道宽度	T1	T2	T3	T4	T5	T6
20-25英里/时	（斜角）18英尺					■	■
20-25英里/时	（平行）7英尺				■		
25-35英里/时	（平行）8英尺			■	■	■	■
超过35英里/时	（平行）9英尺					■	■

设计速度	有效转弯半径	参见表17b					
		T1	T2	T3	T4	T5	T6
低于20英里/时	5-10英尺			■	■	■	■
20-25英里/时	10-15英尺	■	■	■	■	■	■
25-35英里/时	15-20英尺	■	■	■	■	■	■
超过35英里/时	20-30英尺	■	■			□	□

■ 允许
□ 需审批

车行道与停车位配置标准

表3B

设计速度决定了车行道的宽度及道路转弯半径的大小，ADT为日平均交通量，VPD为日交通量。

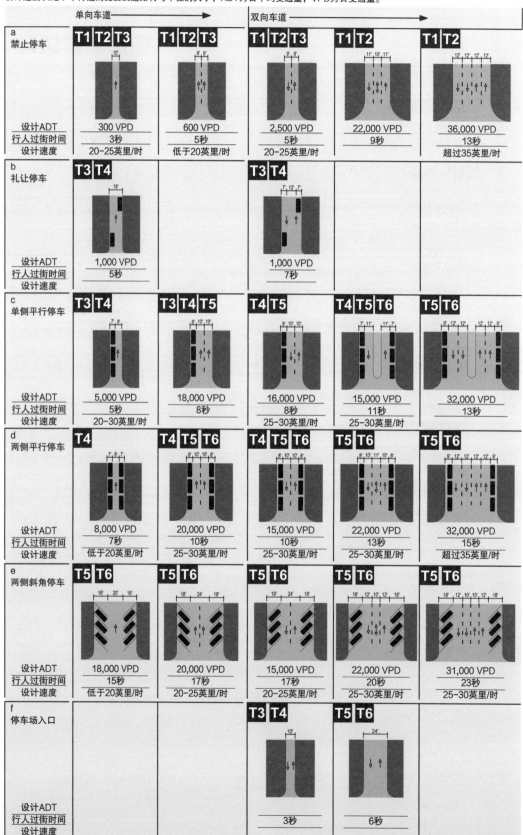

公共临街界面——常规要求 表4A

公共临街界面是用地红线与路缘石之间的区域，相关尺寸参见表4B。

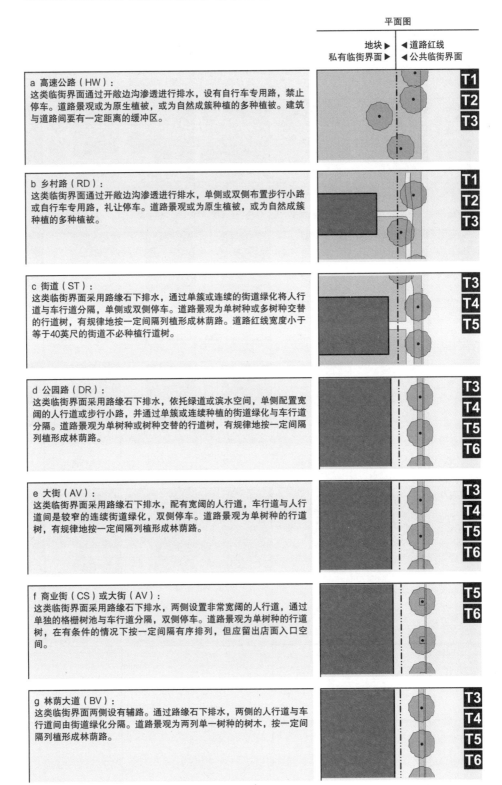

平面图

地块 ▶ ◀ 道路红线
私有临街界面 ▶ ◀ 公共临街界面

a 高速公路（HW）：
这类临街界面通过开敞边沟渗透进行排水，设有自行车专用路，禁止停车。道路景观或为原生植被，或为自然成簇种植的多种植被。建筑与道路间要有一定距离的缓冲区。

T1 T2 T3

b 乡村路（RD）：
这类临街界面通过开敞边沟渗透进行排水，单侧或双侧布置步行小路或自行车专用路，礼让停车。道路景观或为原生植被，或为自然成簇种植的多种植被。

T1 T2 T3

c 街道（ST）：
这类临街界面采用路缘石下排水，通过单簇或连续的街道绿化将人行道与车行道分隔，单侧或双侧停车。道路景观为单树种或多树种交替的行道树，有规律地按一定间隔列植形成林荫路。道路红线宽度小于等于40英尺的街道不必种植行道树。

T3 T4 T5

d 公园路（DR）：
这类临街界面采用路缘石下排水，依托绿道或滨水空间，单侧配置宽阔的人行道或步行小路，并通过单簇或连续种植的街道绿化与车行道分隔。道路景观为单树种或树种交替的行道树，有规律地按一定间隔列植形成林荫路。

T3 T4 T5 T6

e 大街（AV）：
这类临街界面采用路缘石下排水，配有宽阔的人行道，车行道与人行道间是较窄的连续街道绿化，双侧停车。道路景观为单树种的行道树，有规律地按一定间隔列植形成林荫路。

T3 T4 T5 T6

f 商业街（CS）或大街（AV）：
这类临街界面采用路缘石下排水，两侧设置非常宽阔的人行道，通过单独的格栅树池与车行道分隔，双侧停车。道路景观为单树种的行道树，在有条件的情况下按一定间隔有序排列，但应留出店面入口空间。

T5 T6

g 林荫大道（BV）：
这类临街界面两侧设有辅路。通过路缘石下排水，两侧的人行道与车行道间用街道绿化分隔。道路景观为两列单一树种的树木，按一定间隔列植形成林荫路。

T3 T4 T5 T6

公共临街界面——特殊要求

表4B

此表汇集了各类公共临街界面要素的相应要求和尺寸，包括路面边缘类型、人行道及街道绿化。相关标准的制定要与各断面分区中主要街道的类型相对应。表4B汇集了各种街道类型中的全部要素。可将适宜的本土树种纳入到最终版本准则中。

	乡村 |||||||| 断 面 ||||||||||||||||||||| 城市					
断面分区	**T1 T2 T3**	**T1 T2 T3**	**T3 T4**	**T4 T5**	**T5 T6**	**T5 T6**
公共临街界面类型	高速公路&乡村路	乡村路&街道	街道-公园路-大街	街道-公园路-大街-林荫大道	商业街-公园路-大街-林荫大道	商业街-公园路-大街-林荫大道
a 整体： 主要为路面边缘类型、人行道、街道绿化及景观的类型与尺寸。						
总宽度	16-24英尺	12-24英尺	12-18英尺	12-18英尺	18-24英尺	18-30英尺
b 路面边缘类型： 车行道边缘的细节设计，与排水系统结合。						
排水方式 转弯半径	开敞边沟排水 10-30英尺	开敞边沟排水 10-30英尺	路缘石下排水 5-20英尺	路缘石下排水 5-20英尺	路缘石下排水 5-20英尺	路缘石下排水 5-20英尺
c 人行道： 步行专用路面。						
类型 宽度	无特定步行路径 无	步行小路 4-8英尺	人行道 4-8英尺	人行道 4-8英尺	人行道 12-20英尺	人行道 12-30英尺
d 街道绿化： 包括行道树及其他景观。						
绿化方式 植被种类 绿化类型 绿化宽度	组团式 多种 生态沟渠 8-16英尺	组团式 多种 生态沟渠 8-16英尺	行列式 交替 连续的绿化 8-12英尺	行列式 单一 连续的绿化 8-12英尺	行列式 单一 连续的绿化 4-6英尺	自定式 单一 树池 4-6英尺
e 景观绿化： 建议树种(参见表6)						
f 照明： 建议采用的公共照明设施(参见表5)						

道路分类标准

表4C

道路分类标准按表3A、3B中的要素进行配置，同时结合了表4A的公共临街界面标准。
确定道路类型的关键要素是道路红线宽度和人行道宽度，某些情况下还应考虑道路的通行能力。

释义	ST-57-20-BL
道路类型	
道路红线宽度	
人行道宽度	
非机动车交通设施	

道路类型	
高速公路	HW
林荫大道	BV
大街	AV
商业街	CS
公园路	DR
街道	ST
乡村路	RD
后巷	RA
后方道路	RL
自行车专用路	BT
自行车车道	BL
混行自行车道	BR
步行小路	PT
地块内步行路	PS
公交走线	TR

	ST-50-26	ST-50-28
道路类型	街道	街道
所属断面分区	T4，T5，T6	T4，T5，T6
道路红线宽度	50英尺	50英尺
人行道宽度	26英尺	28英尺
行驶类型	慢行	礼让行驶
设计速度	20英里/时	20英里/时
行人过街时间	7.4秒	7.6秒
车行道	2车道	2车道
停车道	单侧，8英尺，有标示	双侧，8英尺，无标示
转弯半径	10英尺	10英尺
人行道类型	5英尺，人行道	5英尺，人行道
街道绿化类型	7英尺，连续种植	6英尺，连续种植
路面边缘类型	路缘石	路缘石
景观类型	平均每30英尺种植一株行道树	平均每30英尺种植一株行道树
非机动车交通设施	混行自行车道	混行自行车道

公共照明 表5

对于不同断面分区，照明设施的亮度和特点有所不同。此表列举了五种常用路灯，
其余符合断面分区要求的路灯可在经过市政部门授权后添加在此页。

	T1	T2	T3	T4	T5	T6	SD	说明
蛇头灯	■						■	
管式灯	■	■	■					
桩式灯		■	■	■				
单柱灯			■	■	■			
双柱灯					■	■		

公共街道绿化　　　　　　　　　　　表6

此表列举了六种与不同断面分区相适应的常用行道树。由地方规划部门选择适合地区生态条件的树种。

	T1	T2	T3	T4	T5	T6	SD	规格
杆形	■	■	■	■	■	■		
椭球形		■	■	■	■	■	■	
球形	■	■	■		■		■	
金字塔形	■	■		■				
伞形	■	■	■	■				
瓶形	■	■	■	■				

私有临街界面类型

表7

私有临街界面是建筑立面与地块边界线之间的区域。

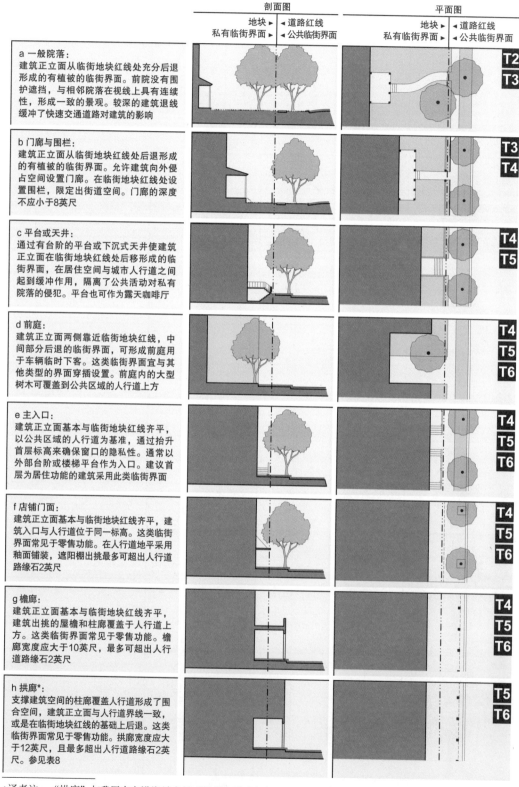

	剖面图	平面图	
	地块 ►　◄ 道路红线 私有临街界面 ►　◄ 公共临街界面	地块 ►　◄ 道路红线 私有临街界面 ►　◄ 公共临街界面	
a 一般院落： 建筑正立面从临街地块红线处充分后退形成的有植被的临街界面。前院没有围护遮挡，与相邻院落在视线上具有连续性，形成一致的景观。较深的建筑退线缓冲了快速交通道路对建筑的影响			T2 T3
b 门廊与围栏： 建筑正立面从临街地块红线处后退形成的有植被的临街界面。允许建筑向外侵占空间设置门廊。在临街地块红线处设置围栏，限定出街道空间。门廊的深度不应小于8英尺			T3 T4
c 平台或天井： 通过有台阶的平台或下沉式天井使建筑正立面在临街地块红线处后移形成的临街界面，在居住空间与城市人行道之间起到缓冲作用，隔离了公共活动对私有院落的侵犯。平台也可作为露天咖啡厅			T4 T5
d 前庭： 建筑正立面两侧靠近临街地块红线，中间部分后退的临街界面，可形成前庭用于车辆临时下客。这类临街界面宜与其他类型的界面穿插设置。前庭内的大型树木可覆盖到公共区域的人行道上方			T4 T5 T6
e 主入口： 建筑正立面基本与临街地块红线齐平，以公共区域的人行道为基准，通过抬升首层标高来确保窗口的隐私性。通常以外部台阶或楼梯平台作为入口。建议首层为居住功能的建筑采用此类临街界面			T4 T5 T6
f 店铺门面： 建筑正立面基本与临街地块红线齐平，建筑入口与人行道位于同一标高。这类临街界面常见于零售功能。在人行道地平采用釉面铺装，遮阳棚最多可挑出人行道路缘石2英尺			T4 T5 T6
g 檐廊： 建筑正立面基本与临街地块红线齐平，建筑出挑的屋檐和柱廊覆盖于人行道上方。这类临街界面常见于零售功能。檐廊宽度应大于10英尺，最多可超出人行道路缘石2英尺			T4 T5 T6
h 拱廊*： 支撑建筑空间的柱廊覆盖人行道形成了围合空间，建筑正立面与人行道界线一致，或是在临街地块红线的基础上后退。这类临街界面常见于零售功能。拱廊宽度应大于12英尺，且最多超出人行道路缘石2英尺。参见表8			T5 T6

★译者注："拱廊"与我国南方沿海城市的"骑楼"形式相似。

建筑形态 表8

此表明确了处于各断面分区的不同建筑高度及建筑形态。建筑高度必须根据当地情况进行调整。
如图所示，较高的建筑应通过退台线及横向分段线进行形态控制*。N为表14k中的高度上限。

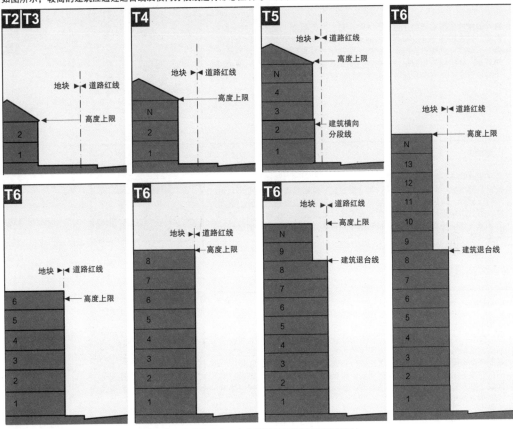

退台/拱廊高度（下表明确了拱廊型临街界面的建筑形态，上表则适用于其他类型的界面）

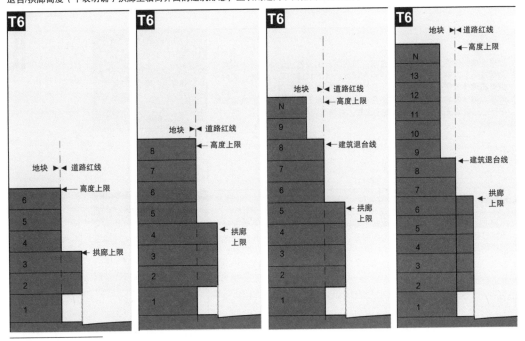

*译者注：建筑退台线及横向分段线可根据具体情况调整。

建筑布局

表9

此表归纳了建筑物与独立地块边界的位置关系，明确了各断面分区中的几种基本建筑布局。

a 围院式：

适用的建筑类型包括独户住宅、乡村小屋、郊外别墅、庄园住宅、城市别墅。建筑物位于地块中央，四周均有退线。这类建筑布局的城市特征最弱，前院使临街界面后移，侧院也削弱了建筑物对主要公共道路的空间界定。建筑物与相邻建筑的前院空间具有视觉连续性。围栏与合理设计的后置建筑和/或外屋能够保证后院的私密性

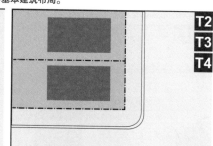

T2 T3 T4

b 侧院式：

适用的建筑类型包括查尔斯顿独立住宅、双拼住宅、零退线住宅、双生住宅。建筑物一侧紧贴地块线，另一侧退线。临街界面的退线较小，城市特征更强。如相邻建筑的侧墙也为实墙，院落环境将更加私密。这类建筑可针对采光和通风情况整体调整朝向。两座侧院式住宅毗邻，就形成了双生住宅或双拼住宅。这类建筑布局可通过共用院墙的方式减小能耗和噪声

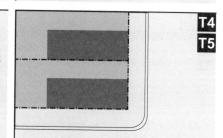

T4 T5

c 后院式：

适用的建设类型包括联排式别墅、联排式住宅、居住—工作单元、带阁楼的住宅、公寓、混合用途街区、多功能建筑、围合式街区。建筑物占据全部的临街界面，将地块后方区域作为唯一的院落。这类建筑布局形成的连续临街界面明确界定出了主要公共道路，具有很强的城市特征。后院的建筑次立面可视功能需求而定。作为居住功能时，这类建筑布局形成了联排式住宅。作为商业功能时，后院式的布局可设置大规模停车设施

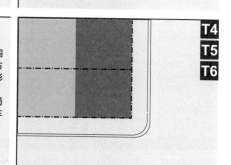

T4 T5 T6

d 内院式：

适用的建筑类型主要为内院式住宅。建筑物占据全部的地块边界，在内部形成一个或多个私有内院。这种布局能从各方位保护私人领域，同时强有力地界定了公共道路界面，是城市特征最强的建筑布局。由于能保证私人与公共活动双方的利益，内院式布局多用于工作室、住宿旅馆和学校。围合的空间确保了较高的安全性，适用于犯罪多发区

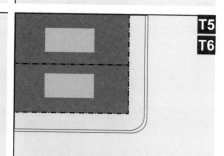

T5 T6

e 特例：

不属于以上分类的建筑布局。例如工业建筑和交通设施建筑通常受机械或轨道线路的影响而呈现不规则的形态。还可能包括一些需要反映社会和机构特殊意图的公共建筑

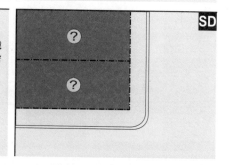

SD

建筑功能与停车　　表10

此表对各断面分区的建筑功能进行了分类。停车需求与建筑功能联系紧密。
建筑的特殊功能与用途应经行政机构审批或按本准则执行。参见表12。

		T2 T3	T4	T5 T6
a	居住	受严格限制的居住：每个地块的住宅数量严格限制为主体建筑一个和附属建筑一个，两者各配有2.0个停车位，且都应为单一所有权。附属单元的居住面积不应超过440平方英尺（不含停车面积）	受限制的居住：每个地块的住宅数量受停车位限制，需满足每房户1.5个车位的要求。该数值可根据混合功能停车有所降低（参见表11）	有条件限制的居住：每个地块的住宅数量受停车位限制，需满足每户1.0个车位的要求。该数值可根据混合功能停车有所降低（参见表11）
b	住宿	受严格限制的住宿：每个地块可提供的卧室数受停车位限制，需满足每间卧室配有1.0个车位的要求，最多不超过5个车位，地块内住宅所需的车位数除外。住宿旅馆必须是业主自持产业。餐饮服务可在上午提供。住宿时长不应超过10天	受限制的住宿：每个地块可提供的卧室数受停车位限制，需满足每间卧室配有1.0个车位的要求，最多不超过12个车位，地块内住宅所需的车位数除外。住宿旅馆必须是业主自持产业。餐饮服务可在上午提供。住宿时长不应超过10天	有条件限制的住宿：每个地块可提供的卧室数受停车位限制，需满足每间卧室配有1.0个车位的要求。餐饮服务可在任意时间提供。应预先确定餐饮服务区域，并根据零售类型提供停车位
c	办公	受严格限制的办公：办公功能严格限制在各地块主体建筑或附属建筑的首层，每净面积1000平方英尺的办公空间应配有3.0个车位，地块内住宅所需的车位数除外	受限制的办公：办公功能限制在各地块主体建筑或附属建筑的首层，每净面积1000平方英尺的办公空间应配有3.0个车位，地块内住宅所需的车位数除外	有条件限制的办公：办公功能的面积受停车位限制，每净面积1000平方英尺的办公空间应配有2.0个车位
d	零售	受严格限制的零售：零售功能严格限制在每300个住宅单元的街区转角处的建筑首层。零售空间应满足每净面积1000平方英尺配有4.0个车位的要求，地块内住宅所需的车位数除外。具体功能被限制为社区商店或20座以下的餐厅	受限制的零售：零售功能限制在每街角处的建筑首层，每街区不超过一个。零售空间应满足每净面积1000平方英尺配有4.0个车位的要求，地块内住宅所需的车位数除外。具体功能被限制为社区商店或40座以下的餐厅	有条件限制的零售：零售功能的面积受停车位限制，零售空间配有满足每净面积1000平方英尺配有3.0个车位的要求。1500平方英尺以下的零售空间无须配置停车位
e	公共设施	参见表12	参见表12	参见表12
f	其他	参见表12	参见表12	参见表12

停车位配置计算　　表11

当两种建筑功能混合时，可基于"所需车位数"表格得到"混合功能车位数"，以便车位数量满足两种功能的停车需求。若混合功能超过两种，则应按每类功能所需的车位之和计算车位总数。

所需车位数（参见表10）	T2 T3	T4	T5 T6
居住	2.0/户	1.5/户	1.0/户
住宿	1.0/室	1.0/室	1.0/室
办公	3.0/1000平方英尺	3.0/1000平方英尺	2.0/1000平方英尺
零售	4.0/1000平方英尺	4.0/1000平方英尺	3.0/1000平方英尺
公共设施	需审批		
其他	需审批		

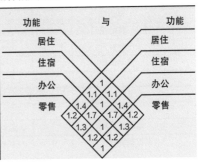

混合功能车位数

特殊功能及用途　　　　　　　　　　　表12

此表在表10的基础上扩展而来，用以说明各断面分区的特殊功能及用途。表12宜根据地方特点及需求进行编制。

a 居住

	T1	T2	T3	T4	T5	T6	SD
混合用途街区					■	■	
多功能建筑				■	■	■	
公寓				■	■	■	
居住 / 工作单元			■	■	■	■	□
联排式住宅				■	■	■	
双联式住宅			■	■	■		
内院式住宅					■		
侧院式住宅			■	■			
乡村小屋			■				
独立住宅		■	■				
郊外别墅		■					
附属单元		■	■	■			

b 住宿

	T1	T2	T3	T4	T5	T6	SD
旅馆（无卧室数限制）					■	■	□
旅店（不超过12间房）		□	■	■	■		
家庭旅馆（不超过5间房）		■	■	■	■		
青年旅社			□	□	□		
学校宿舍				■	■	■	■

c 办公

	T1	T2	T3	T4	T5	T6	SD
办公楼				■	■	■	□
工作—居住单元			■	■	■	■	

d 零售

	T1	T2	T3	T4	T5	T6	SD
开放型市场建筑		■	■			■	
零售业建筑				■	■	■	
陈列橱窗				■	■	■	
餐厅				■	■	■	□
小卖部				■	■	■	
零售店				□	□	□	
售酒处					■	■	
娱乐场所					□	□	

e 公共设施

	T1	T2	T3	T4	T5	T6	SD
公交车候车厅			■	■	■	■	
会展中心					□	■	
会议中心					□	■	
展览中心					□	■	
喷泉或公共艺术		■	■	■	■	■	
图书馆				■	■	■	
戏院					■	■	
电影院					■	■	
博物馆				□	■	■	
户外礼堂	□	■					
停车设施				■	■	■	
客运枢纽					■	■	
儿童活动场		■	■				
体育场馆					□	■	
地面停车场				□	□		
宗教集会场所		■	■	■	■	■	

f 其他：农业

	T1	T2	T3	T4	T5	T6	SD
谷仓	■	■					■
畜牧场	□		□				□
温室	■	■	□				■
马厩	■						■
狗舍			■	■			■

f 其他：汽车服务

	T1	T2	T3	T4	T5	T6	SD
加油站		□			□	□	
汽车保养							
卡车维修							
驶入式设施				□	□		
休息站	■	■					
路边站	■	■					
广告牌							
购物中心							
大型购物中心							

f 其他：公共服务

	T1	T2	T3	T4	T5	T6	SD
消防站			■	■	■	■	■
警察局			■	■	■	■	■
墓地		■	□	□			
殡仪馆				■	■	■	
医院					□	□	■
诊所				■	■	■	

f 其他：教育

	T1	T2	T3	T4	T5	T6	SD
大学				□	□		■
中学					□		■
职业学校							■
小学			□	■	■		■
其他—儿童保育中心		■	■	■	■	■	

f 其他：工业

	T1	T2	T3	T4	T5	T6	SD
重工业设施							■
轻工业设施						□	■
卡车停车场							■
实验室设施					■		■
供水设施							■
污水及垃圾设施							■
变电站	□	□	□	□	□	□	■
无线网络传输	□	□					■
火葬设施							■
仓库					□		■
生产仓储							■
小型仓储							■

■ 允许
□ 需审批

公共空间 表13

a 公园	自然本底保护良好，可进行自发性娱乐活动的公共空间。公园可独立于周边的建筑临街界面。景观要素应包括步行小路、游览小径、草地、水体、林地以及开敞的遮蔽所，均采用自然手法处理。公园可沿自然廊道线性分布，最小规模应为8英亩。经审批通过后，较大的公园可作为特殊功能区进行建设	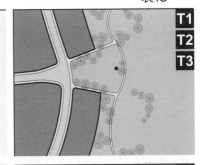
b 绿地	可进行自发性娱乐活动的开敞空间。绿地可通过景观而非建筑临街面来塑造空间。景观要素应包括草坪和树木，采用自然式种植。绿地的最小规模应为1/2英亩，最大规模不应超过8英亩	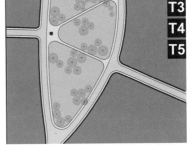
c 广场	可进行自发性娱乐活动和公共活动的开敞空间。广场通过建筑临街界面限定空间。景观要素应包括步行小路、草地和树木，采用齐整式的人工设计手法。广场应位于重要道路的交汇处。最小规模应为1/2英亩，最大规模不应超过5英亩	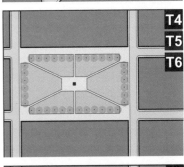
d 小广场	可进行公共活动和商业活动的开敞空间。小广场应通过建筑临街界面限定空间。景观要素应以人行道为主，是否种植树木视情况而定。小广场宜位于重要街道的交汇处。最小规模应为1/2英亩，最大规模不应超过2英亩	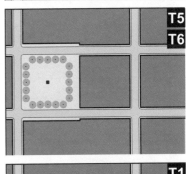
e 儿童活动场	为儿童娱乐设计和服务的开敞空间。儿童活动场宜设围墙，可设置开敞的遮蔽所，应散布于居住区中，可设置于街区内。儿童活动场可设置在公园及绿地内，规模不受限制	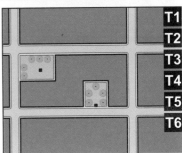

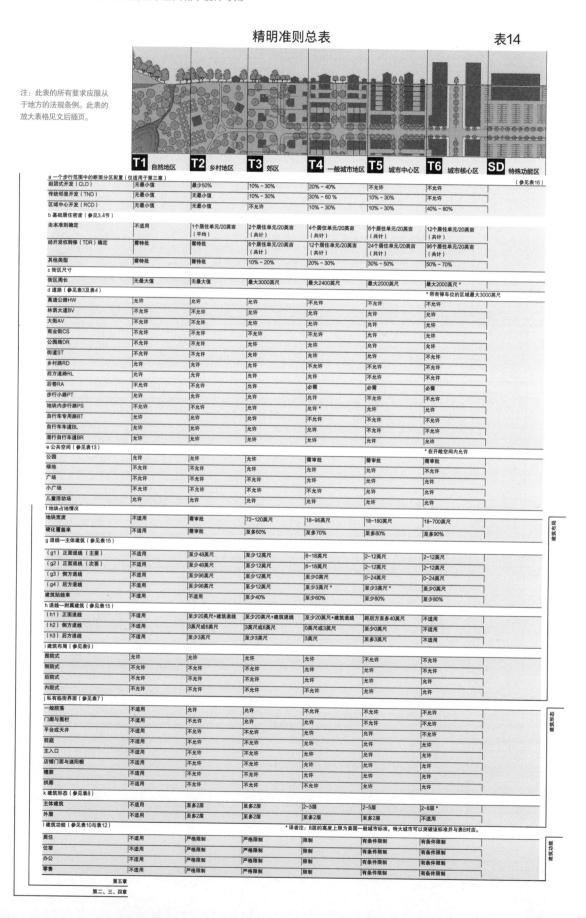

精明准则总表　　　　表14

注：此表的所有要求应服从于地方的法规条例。此表的放大表格见文后插页。

	T1 自然地区	**T2** 乡村地区	**T3** 郊区	**T4** 一般城市地区	**T5** 城市中心区	**T6** 城市核心区	**SD** 特殊功能区
a 一个步行范围中的断面分区配置（仅适用于第三章）							（参见表16）
组团式开发（CLD）	无最小值	最多50%	10%~30%	20%~40%	不允许	不允许	
传统邻里开发（TND）	无最小值	无最小值	10%~30%	30%~60%	10%~30%	不允许	
区域中心开发（RCD）	无最小值	无最小值	不允许	10%~30%	10%~30%	40%~80%	
b 基础居住密度（参见3.4节）							
由本准则确定	不适用	1个居住单元/20英亩（平均）	2个居住单元/20英亩（共计）	4个居住单元/20英亩（共计）	6个居住单元/20英亩（共计）	12个居住单元/20英亩（共计）	
经开发权转移（TDR）确定	需特批	需特批	6个居住单元/20英亩（共计）	12个居住单元/20英亩（共计）	24个居住单元/20英亩（共计）	96个居住单元/20英亩（共计）	
其他类型	需特批	需特批	10%~20%	20%~30%	30%~50%	50%~70%	
c 街区尺寸							
街区周长	无最大值	无最大值	最大3000英尺	最大2400英尺	最大2000英尺	最大2000英尺 *	
							* 带有停车位的区域最大3000英尺
d 道路（参见表3及表4）							
高速公路HW	允许	允许	允许	不允许	不允许	不允许	
林荫大道BV	不允许	不允许	允许	允许	允许	允许	
大街AV	不允许	不允许	允许	允许	允许	允许	
商业街CS	不允许	不允许	不允许	不允许	允许	允许	
公园路DR	不允许	不允许	允许	不允许	允许	允许	
街道ST	不允许	不允许	允许	允许	允许	不允许	
乡村路RD	允许	允许	允许	不允许	不允许	不允许	
后方道路RL	允许	允许	允许	允许	不允许	不允许	
后巷RA	不允许	不允许	允许	必需	必需	必需	
步行小路PT	允许	允许	允许	允许	允许	允许	
地块内步行路PS	不允许	不允许	允许	允许 *	允许	允许	
自行车专用路BT	允许	允许	允许	不允许	不允许	不允许	
自行车车道BL	不允许	不允许	允许	不允许	不允许	不允许	
混行自行车道BR	允许	允许	允许	允许	允许	允许	
e 公共空间（参见表13）							* 在开敞空间内允许
公园	允许	允许	允许	需审批	需审批	需审批	
绿地	不允许	不允许	允许	允许	允许	允许	
广场	不允许	不允许	不允许	允许	允许	允许	
小广场	不允许	不允许	不允许	不允许	允许	允许	
儿童活动场	允许	允许	允许	允许	允许	允许	
f 地块占地情况							
地块宽度	不适用	需审批	72~120英尺	18~96英尺	18~180英尺	18~700英尺	
硬化覆盖率	不适用	需审批	至多60%	至多70%	至多80%	至多90%	
g 退线—主体建筑（参见表15）							
（g1）正面退线（主要）	不适用	至少48英尺	至少12英尺	6~18英尺	2~12英尺	2~12英尺	
（g2）正面退线（次要）	不适用	至少48英尺	至少12英尺	6~18英尺	2~12英尺	2~12英尺	
（g3）侧方退线	不适用	至少96英尺	至少12英尺	至少5英尺	0~24英尺	0~24英尺	
（g4）后方退线	不适用	至少96英尺	至少12英尺	至少3英尺 *	至少3英尺 *	至少0英尺	
建筑贴线率	不适用	不适用	至少40%	至少60%	至少80%	至少80%	
h 退线—附属建筑（参见表15）							
（h1）正面退线	不适用	至少20英尺+建筑退线	至少20英尺+建筑退线	至少20英尺+建筑退线	距后方至多40英尺	不适用	
（h2）侧方退线	不适用	3英尺或6英尺	3英尺或6英尺	0英尺或3英尺	至少0英尺	不适用	
（h3）后方退线	不适用	至少3英尺	至少3英尺	3英尺	至少3英尺	不适用	
i 建筑布局（参见表9）							
围院式	允许	允许	允许	允许	不允许	不允许	
侧院式	不允许	不允许	不允许	允许	允许	不允许	
后院式	不允许	不允许	不允许	允许	允许	允许	
内院式	不允许	不允许	不允许	不允许	允许	允许	
j 私有临街界面（参见表7）							
一般院落	不适用	允许	允许	不允许	不允许	不允许	
门廊与围栏	不适用	不允许	允许	允许	允许	不允许	
平台或天井	不适用	不允许	不允许	允许	允许	不允许	
前庭	不适用	不允许	不允许	允许	允许	允许	
主入口	不适用	不允许	不允许	允许	允许	允许	
店铺门面与遮阳棚	不适用	不允许	不允许	允许	允许	允许	
檐廊	不适用	不允许	不允许	允许	允许	允许	
拱廊	不适用	不允许	不允许	不允许	允许	允许	
k 建筑形态（参见表8）							
主体建筑	不适用	至多2层	至多2层	2~3层	2~5层	2~8层 *	
外屋	不适用	至多2层	至多2层	至多2层	至多2层	不适用	
l 建筑功能（参见表10与表12）							* 译者注：8层的高度上限为美国一般城市标准，特大城市可以突破该标准并与表8对应。
居住	不适用	严格限制	严格限制	限制	有条件限制	有条件限制	
住宿	不适用	严格限制	严格限制	限制	有条件限制	有条件限制	
办公	不适用	严格限制	严格限制	限制	有条件限制	有条件限制	
零售	不适用	严格限制	严格限制	限制	有条件限制	有条件限制	

右侧分组：建筑布局　建筑形态　建筑功能

第五章

第二、三、四章

形态准则图表-T3　　　　　　　　　　　　表15A

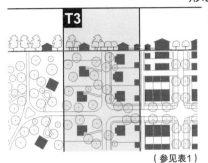

（参见表1）

l 建筑功能（参见表10与表12）

居住	严格限制
住宿	严格限制
办公	严格限制
零售	严格限制

k 建筑形态（参见表8）

主体建筑	至多2层
外屋	至多2层

f 地块占地情况（参见表14f）

地块宽度	72-120英尺
硬化覆盖度	不超过60%

i 建筑布局（参见表9）

围院式	允许
侧院式	不允许
后院式	不允许
内院式	不允许

g 退线—主体建筑（参见表14g）

（g1）正面退线-主要	至少24英尺
（g2）正面退线-次要	至少12英尺
（g3）侧方退线	至少12英尺
（g4）后方退线	至少12英尺
建筑贴线率	至少40%

h 退线—外屋（参见表14h）

（h1）正面退线	至少20英尺+建筑退线
（h2）侧方退线	3英尺（在转角处6英尺）
（h3）后方退线	至少3英尺

j 私有临街界面（参见表7）

一般院落	允许
门廊与围栏	允许
平台或天井	不允许
前庭	不允许
主入口	不允许
店铺门面与遮阳棚	不允许
檐廊	不允许
拱廊	不允许

以上内容参考表14

停车规定参见表10与表11

*或距道路中心线15英尺
N值为小于"建筑最大高度"的任意层数，应参考相关标准来确定建筑高度最大值和最小值。

建筑形态

1. 建筑高度应按层数计算，阁楼与底层抬升部分除外；
2. 层高不可超过14英尺（地面至天花板间距离），若首层为商业功能，该层层高应为11-25英尺；
3. 高度应测量至檐口或屋顶面，如表8所示

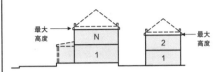

退线—主体建筑

1. 主体建筑的主要立面和次要立面应在地块边界的基础上如图进行退线；
2. 建筑主立面应沿主要临街界面，遵循表中的最小宽度设置

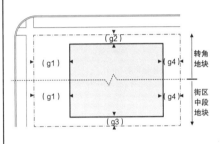

退线—外屋

1. 外屋的建筑次立面应如图进行退线

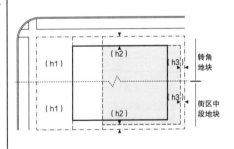

停车位置

1. 露天停车场可设在图中第二和第三层次内（表17d）；
2. 室内停车应设在图中第三层次内（表17d）。入口在地块的侧方或后方的车库经审批通过后设于第一或第二层次；
3. 垃圾箱应设于第三层次内

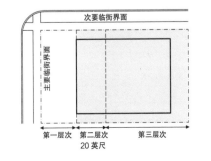

形态准则图表-T4

表15B

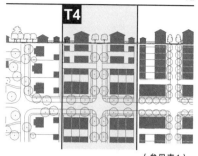

T4

（参见表1）

l 建筑功能（参见表10与表12）

居住	限制
住宿	限制
办公	限制
零售	限制

k 建筑形态（参见表8）

主体建筑	2-3层
外屋	至多2层

f 地块占地情况（参见表14f）

地块宽度	18-96英尺
硬化覆盖率	不超过70%

i 建筑布局（参见表9）

围院式	允许
侧院式	允许
后院式	允许
内院式	不允许

g 退线—主体建筑（参见表14g）

（g1）正面退线-主要	6-18英尺
（g2）正面退线-次要	6-18英尺
（g3）侧方退线	至少0英尺
（g4）后方退线	至少3英尺*
建筑贴线率	至少60%

h 退线—外屋（参见表14h）

（h1）正面退线	至少20英尺+建筑退线
（h2）侧方退线	至少0(在转角处3英尺)
（h3）后方退线	至少3英尺

j 私有临街界面（参见表7）

一般院落	不允许
门廊与围栏	允许
平台或天井	允许
前庭	允许
主入口	允许
店铺门面与遮阳棚	允许
檐廊	允许
拱廊	不允许

以上内容参考表14

停车规定参见表10与表11

*或距道路中心线15英尺
N值为小于"建筑最大高度"的任意层数，应参考相关标准来确定建筑高度最大值和最小值。

建筑形态

1. 建筑高度应按层数计算，阁楼与底层抬升部分除外；
2. 层高不可超过14英尺（地面至天花板间距离），若首层为商业功能，该层层高应为11-25英尺；
3. 高度应测至檐口或屋顶面，如表8所示

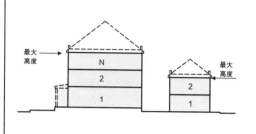

退线—主体建筑

1. 主体建筑的主要立面和次要立面应在地块边界的基础上如图进行退线；
2. 建筑主立面应沿主要临街界面，遵循表中的最小宽度设置

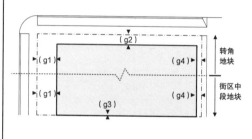

退线—外屋

1. 外屋的建筑次立面应如图进行退线

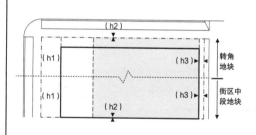

停车位置

1. 露天停车场可设在图中第三层次内（参见表17d）；
2. 室内停车应设在图中第三层次内（参见表17d）；
3. 垃圾箱应设于第三层次内

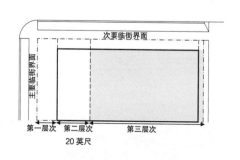

形态准则图表-T5

表15C

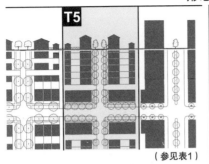

（参见表1）

l 建筑功能（参见表10与表12）

居住	有条件限制
住宿	有条件限制
办公	有条件限制
零售	有条件限制

k 建筑形态（参见表8）

主体建筑	2-5层
外屋	至多2层

f 地块占地情况（参见表14f）

地块宽度	18-180英尺
硬化覆盖率	不超过80%

i 建筑布局（参见表9）

围院式	不允许
侧院式	允许
后院式	允许
内院式	允许

g 退线—主体建筑（参见表14g）

（g1）正面退线-主要	2-12英尺
（g2）正面退线-次要	2-12英尺
（g3）侧方退线	0-24英尺
（g4）后方退线	至少3英尺*
建筑贴线率	至少80%

h 退线—外屋（参见表14h）

（h1）正面退线	距后方至多40英尺
（h2）侧方退线	至少0（在转角处2英尺）
（h3）后方退线	至多3英尺

j 私有临街界面（参见表7）

一般院落	不允许
门廊与围栏	不允许
平台或天井	允许
前庭	允许
主入口	允许
店铺门面与遮阳棚	允许
檐廊	允许
拱廊	允许

以上内容参考表14

停车规定参见表10与表11

*或距道路中心线15英尺
N值为小于"建筑最大高度"的任意层数，应参考相关标准来确定建筑高度最大值和最小值。

建筑形态

1.建筑高度应按层数计算，阁楼与底层抬升部分除外；
2.层高不可超过14英尺（地面至天花板间距离），若首层为商业功能，该层层高应为11-25英尺；
3.高度应测至檐口或屋顶面，如表8所示；
4.建筑横向分段线的设置应如表8所示

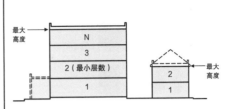

退线—主体建筑

1.主体建筑的主要立面和次要立面应在地块边界的基础上如图进行退线；
2.建筑主立面应沿主要临街界面，遵循表中的最小宽度设置

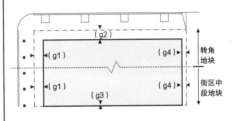

退线—外屋

1.外屋的建筑次立面应如图进行退线

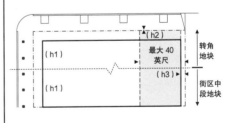

停车位置

1.露天停车场可设在图中第三层次内（表17d）；
2.室内停车应设在图中第三层次内（表17d）；
3.垃圾箱应设于第三层次内

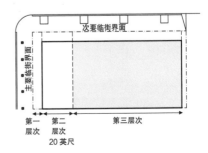

形态准则图表-T6　　　　　　　　　　　　表15D

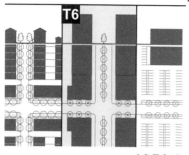

（参见表1）

l 建筑功能（参见表10与表12）

居住	有条件限制
住宿	有条件限制
办公	有条件限制
零售	有条件限制

k 建筑形态（参见表8）

主体建筑	2-8层
外屋	不适用

f 地块占地情况（参见表14f）

地块宽度	18-700英尺
硬化覆盖率	不超过90%

i 建筑布局（参见表9）

围院式	不允许
侧院式	不允许
后院式	允许
内院式	允许

g 退线—主体建筑（参见表14g）

（g1）正面退线-主要	2-12英尺
（g2）正面退线-次要	2-12英尺
（g3）侧方退线	0-24英尺
（g4）后方退线	至少0英尺
建筑贴线率	至少80%

h 退线—外屋（参见表14h）

正面退线	不适用
侧方退线	不适用
后方退线	不适用

j 私有临街界面（参见表7）

一般院落	不允许
门廊与围栏	不允许
平台或天井	不允许
前庭	允许
主入口	允许
店铺门面与遮阳棚	允许
檐廊	允许
拱廊	允许

以上内容参考表14

停车规定参见表10与表11

*或距道路中心线15英尺
N值为小于"建筑最大高度"的任意层数，
应参考相关标准来确定建筑高度最大值和最
小值。

建筑形态

1. 建筑高度应按层数计算，阁楼与底层抬升部分除外；
2. 层高不可超过14英尺（地面至天花板间距离），若首层为商业功能，该层层高应为11-25英尺；
3. 高度应测至檐口或屋顶面，如表8所示；
4. 建筑退台距离、退台线及建筑出挑控制线的设置参见表8

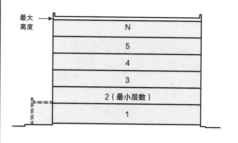

退线—主体建筑

1. 主体建筑的主要立面和次要立面应在地块边界的基础上如图进行退线；
2. 建筑主立面应沿主要临街界面，遵循表中的最小宽度设置

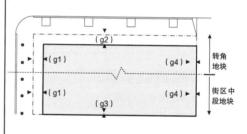

停车位置

1. 露天停车场可设在图中第三层次内（表17d）；
2. 室内停车应设在图中第三层次内（表17d）；
3. 垃圾箱应设于第三层次内

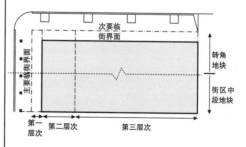

特殊功能区标准　　　　　　　　　　表16

此表的各列（SD1，SD2等）对应现状已形成或已批准建设的特殊功能区，
后期可增加更多的列数。对于精明准则未涉及的内容，特殊功能区应按现行区划条例管理。

	SD1	SD2	SD3	SD4	SD5	SD6	SD7	
a 断面分区配置								
组团式开发	X							
传统邻里开发	X							
公交导向开发	X							
b 基础居住密度								
由本准则确定	X							
经开发权转移确定	X							
其他功能	X							
c 街区尺寸								
街区周长	X							
d 道路								
高速公路HW	X							
林荫大道BV	X							
大街AV	X							
商业街CS	X							
公园路DR	X							
街道ST	X							
乡村路RD	X							
后方道路RL	X							
后巷RA	X							
步行小路PT	X							
地块内步行路PS	X							
自行车专用路BT	X							
自行车车道BL	X							
混行自行车道BR	X							
e 公共空间								
公园	X							
绿地	X							
广场	X							
小广场	X							
儿童活动场	X							
f 地块占地情况								
地块宽度	X							
硬化覆盖率	X							建筑布局
g 退线—主体建筑								
正面退线	X							
侧方退线	X							
后方退线	X							
h 建筑布局								
围院式	X							
侧院式	X							
后院式	X							
i 私有临街界面								
一般院落	X							
门廊与围栏	X							
平台或天井	X							
前庭	X							
主入口	X							
店铺门面	X							
檐廊	X							建筑形态
拱廊	X							
停车场	X							
j 建筑形态								
主体建筑	X							
外屋	X							
k 建筑功能								
居住	X							
住宿	X							
办公	X							建筑功能
零售	X							

图示说明　　　　　　　　　　　　表17

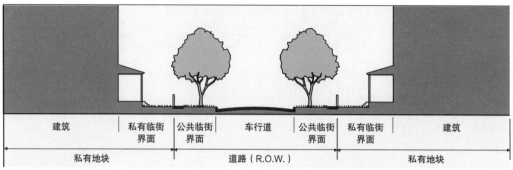

| 建筑 | 私有临街界面 | 公共临街界面 | 车行道 | 公共临街界面 | 私有临街界面 | 建筑 |

| 私有地块 | 道路（R.O.W.） | 私有地块 |

a 道路与临街界面

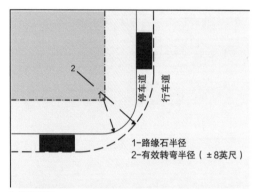

1-路缘石半径
2-有效转弯半径（±8英尺）

b 转弯半径

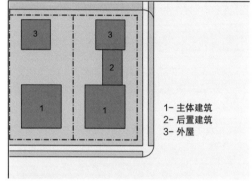

1- 主体建筑
2- 后置建筑
3- 外屋

c 建筑布局

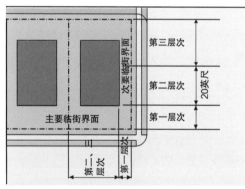

第三层次
第二层次
第一层次
主要临街界面
次要临街界面
20英尺
第二层次
第一层次

d 地块层次

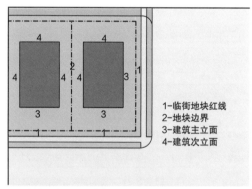

1-临街地块红线
2-地块边界
3-建筑主立面
4-建筑次立面

e 临街界面与地块边界

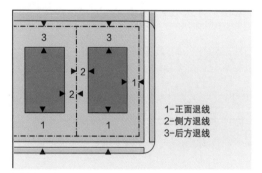

1-正面退线
2-侧方退线
3-后方退线

f 退线规则

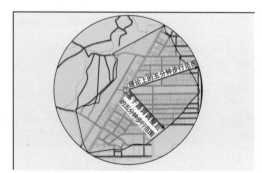

理论上的五分钟步行范围
基于路网调整后的五分钟步行范围

g 基于路网调整后的步行范围

第七章 术语释义

释义

本章对精明准则中的术语进行了解释，这些术语有的为技术性术语，有的则与一般用法有所差别。未在本准则中进行解释的术语应由综合评审委员会（CRC）给出标准定义。*斜体*标注的是出现该术语的具体章节或表格。

A

A类路网 / A-Grid：现状步行条件较好，或是对未来步行网络的联通有重要意义的道路。此类道路应遵循本准则的最高标准进行设计。参见"B类路网"。

按本准则执行 / By Right：无须公众听证，按精明准则的规定和要求执行的社区规划或建筑方案（第三章、第四章或第五章）。参见"特批""审批"。

B

B类路网/B-Grid：因交通功能、位置等因素缺乏步行条件的道路。可低于A类路网的设计标准。参见"A类路网"。

办公/Office：进行一般商务交易的场所，不设置零售、手工艺及工业功能。*参见表10。*

边沟/Swale：低洼或轻微下陷的具有排水功能的自然地区。

步行范围/Pedestrian Shed：围绕一个公共目的地形成的区域，用以组织社区结构。步行范围的规模与相应社区单元类型的平均步行距离有关。见"五分钟步行范围/十分钟步行范围/线型步行范围/基于路网调整后的步行范围"。

步行小路（PT）/Path：公园或乡村地区中的步行路，两侧绿化景观与连续开敞空间特征相匹配，宜与城市步行网络直接相连。

C

侧院式建筑/Sideyard Building：在地块一侧贴线并在另一侧退线的建筑类型。根据与相邻房屋的连接关系，形成独栋或双联式建筑。*参见表9。*

层次/Layer：按地块进深划分的不同区域，各区域有各自的规定。*参见表17。*

城市地区边界线 Urban Boundary Line：潜在的城市增长范围，由区域的规划人口确定。城市地区边界线可能随时间的推移进行调整。

城市化地区 Urbanized：一般性的已开发地区，开发密度等同或高于本准则中的T3郊区分区。

城市主义 Urbanism：对形态紧凑、功能混合地区的综合描述，包括由该地区开发活动形成的物质形态特征，以及环境、功能、经济和社会层面的特征。

传统邻里开发 TND：一种社区单元类型，由一个五分钟步行范围构成。五分钟步行范围的中心为公共目的地，布置有混合使用的中心或廊道，并在交通线路周围形成中等规模的聚居地。*参见表2及表14a。*

次要临街界面 Secondary Frontage：街角地块内不属于主要临街界面的私有临街街面。本准则对次要临街界面的第一层次进行规范，以避免对公共空间造成影响。*参见表17。*

D

大街（AV）/Avenue：车流量较大，限以中等速度行驶的道路，是城市中心区之间较短的连接性道路，道路两侧通常有绿化带。

道路/Thoroughfare：供机动车与行人使用的通道，是进入各地块与开敞空间的途径，包括机动车车道与公共临街界面。*参见表3A、表3B及表17a。*

地块/Lot：容纳一栋建筑或一组建筑的土地。为了更好地控制城市肌理，地块的大小主要由地块宽度确定。

地块宽度/Lot Width：地块上主要临街界面边线的长度。

地块立面/Block Face：地块的一个边界上所有建筑立面的总和。

地块内步行路（PS）/Passage：在地块内部的露天或带顶的步行联系通道，可为后方停车区域与临街界面提供联系。

地块内车道/Driveway：地块内的车道，通常引向车库。*参见5.10节和表3B-f。*

地块线/Lot Line：法律上几何划定的地块边界。

地理信息系统/GIS：一种为政府广泛采用的软件程序，用以组织地图上的数据信息。编制区域规划应基于地理信息系统。*参见2.1节。*

店铺门面/Shopfront：常见于零售用途的私有临街界面，建筑立面采用大量玻璃窗并设有遮阳棚。建筑立面接近临街地块红线，建筑入口与人行道位于同一标高。*参见表7。*

独立住宅/House：一种围院式建筑。通常是一个大型地块上的独户住宅，在后院设有附属建筑。

断面/Transect：用横截面来表达自然环境中不同的栖息地形态。精明准则中确立了人类环境的"乡村—城市"断面，划分为6个断面分区。这些分区通过土地使用密度、强度以及城市化情况确定了各自的物质形态与特征。

断面分区（T-zone）/Transect Zone：精明准则理念下形成的规划中的多种形态分区。断面分区与传统准则中土地使用区划的管控方法相似，但在建筑功能、密度、高度、退线等常规要求之外，精明准则还融入了空间形态的其他要素，包括私有地块、建筑要求及公共临街界面的内容。*参见表1。*

F

分区/Sector：地理学中的中性术语。精明准则划分了六个分区，确定了开敞空间及开发地区的法定边界。

辅路/Slip Road：主路外侧的一条或多条车行道。辅路相对于主路设计速度较低，与主路间通过绿化带隔离。

附属单元/Accessory Unit：不大于440平方英尺的公寓，与主体建筑共享产权和公共空间。附属单元可以在或者不在外屋建筑中。*参见表10和表17。*

附属建筑/Accessory Building：附属单元的外屋。

G

高速公路/Highway：具有高速行驶和高车流量特征的位于乡村和城郊的道路类型。此类道路多分布在较为乡村化的断面分区内（T1、T2和T3）。

阁楼/Attic：坡顶建筑的顶层室内部分。

工业建筑/Manufacturing：进行工业产品的研发制造、组装和维修的建筑。建筑内也包含自有产品的零售区域。

工作—居住单元/Work-Live：商业与居住功能混合使用的单元。通常需要进行大量的商业活动，空间设置上应满足商务交流和员工办公的需求，是能够提供基本居住场所的工作空间。参见"居住—工作单元"。

公共建筑/Civic Building：由非营利性组织运营的艺术、文化、教育、娱乐、管理、交通和市政停车等功能的建筑，或是由行政机构批准的建筑。

公共空间/Civic Space：指定为公共使用的户外空间。按照物质空间要素的构成划分公共空间类型，如使用功能、尺寸、景观和周边建筑等。*参见表13。*

公共临街界面/Public Frontage：路缘石与临街地块红线之间的区域。*参见表4A与表4B。*

公共目的地/Common Destination：是社区活动的聚集地，通常也是步行范围的中心。包括以下一种或多种类型：公共空间、公共建筑、商业中心、公交站、社区社交中心等。

公共区域/Civic Zone：包括公共建筑和公共空间的地区。

公共设施/Civic：向公众开放的艺术、文化、教育、娱乐、管理、交通和市政停车等非营利性设施。

公共停车用地/Civic Parking Reserve：公共区域场地四分之一英里范围（场地服务半径）内的停车楼或停车场。参见5.9.2节。

公交导向开发/TOD：其范围可以由传统邻里开发（TND）或区域中心开发（RCD）单元的所在区域确定（全覆盖或部分覆盖），也可以按照区域规划的要求来确定，是在轨道或快速公交系统（BRT）附近增加开发密度的开发类型。参见5.9.2d节。

公寓/Apartment：与其他功能单元共享一栋建筑和一个地块的居住单元。可作为一套住房出租或者出售。

公园/Park：公共空间的一种，是可以进行自发性娱乐活动的自然保护型区域。参见表13。

公园路/Drive：建成地区和自然地区之间的道路，通常临近水边、公园或者海边。道路的一侧有人行道和建筑，具有城市特征，而另一侧种植自然植被，具有乡村特质。

广场/Square：进行自发性娱乐活动或公共活动的公共空间。通过建筑临街界面限定空间。景观要素包括步行小路、草地、树木，采用齐整式的人工设计手法。参见表13。

H

后方道路（RL）/Rear Lane：地块后方的车行道，通往服务区、停车区及外屋，包括市政地役权通道。后方道路的地面铺装可与地块内车道相同。道路特征是两侧沿路边铺设碎石或植被，无抬升式路缘石，通过下渗排水。

后巷（RA）/Rear Alley：地块后方的车行道，通向服务区、停车区及外屋，包括市政地役权通道。后巷的地面铺装应从一个建筑界面连接至另一个建筑界面，利用路拱在道路中央排水或通过弧形路缘石在边缘排水。

后院式建筑/Rearyard Building：占据全部临街地块红线的一种建筑类型，在地块后部空出形成唯一的院落。参见表9。

后置建筑/Backbuilding：连接主体建筑和外屋的单层建筑。参见表17。

灰地/Greyfield：原先用作停车的区域，如购物中心和购物商场的停车场。

会议厅/Meeting Hall：用于会议等集会功能的建筑，位于所在地区的步行范围内，至少设有一个面积不小于每居住单元10平方英尺的会议室。

混行自行车道（BR）/Bicycle Route：在较低车速的道路上，自行车和机动车混行的道路。

混合功能停车系数/Shared Parking Factor：非单一功能的建筑的停车位计算系数。参见表11。

混合使用/Mixed Use：多种功能在同一建筑内重叠或相邻，或是分布在多个相邻建筑内，或是在审批允许的范围内聚集。

J

基础居住密度/Base Density：在功能调整或者开发权移转前的每英亩住宅单元户数。参见"居住密度"。

基于路网调整后的步行范围/Network Pedestrian Shed：根据路网情况，按平均步行时间调整后的步行范围。可用于填充式社区规划。*参见表17。*

家庭办公/Home Occupation：非零售商业性企业。位于建筑内部或附属建筑中，不应在临街界面上体现工作单元的特点。允许的商业活动受"受严格限制的办公"条目管控。*参见表10。*

家庭式旅馆/Bed and Breakfast：业主自持房产的住宅，可以提供1—5间卧室对外住宿，同时保证向客人提供早餐。

建筑布局/Disposition：地块内建筑的排布方式。*参见表9和表17。*

建筑出挑控制线/Extension Line：在建筑物某一高度划定的一条线，大致与建筑立面同宽，用来限定临街拱廊的最大高度。*参见表8。*

建筑次立面/Elevation：未面朝道路的建筑立面。*参见表17。*参见"建筑主立面"。

建筑功能/Function：建筑物及所在地块的使用功能。根据使用强度将其分类为严格限制，限制和有条件限制。*参见表10和表12。*

建筑横向分段线/Expression Line：在建筑物某一高度划定的一条线，大致与建筑立面同宽，通过建筑立面的材质变化或建筑构件表现，如装饰物或阳台。*参见表8。*

建筑侵占/Encroach：建筑构件突破垂直或水平限定，延伸到建筑退线范围内，占据公共临街界面或突破高度限制。

建筑侵占物/Encroachment：突破垂直或水平限定，延伸到建筑退线范围内，占据公共临街界面或突破高度限制的建筑构件。

建筑退台线/Recess Line：对建筑正立面进行管控的一条线，在这条线上方规定出建筑立面的最小缩进距离。该线的位置（非建筑总高度）有效界定了公共空间的界面。*参见表8。*

建筑形态/Configuration：基于建筑体量、私有临街界面和建筑高度形成的建筑体态。

建筑主立面/Facade：面朝道路的建筑立面。参见"建筑次立面"。

街道（ST）/Street：城市内部的低速度、低车流量道路。*参见表3B和表4B。*

街道绿化/Planter：公共临街界面的景观要素，包含单株或连续种植的行道树。

街道围挡/Streetscreen：沿临街地块红线设置或是与建筑立面重叠的独立围墙。可将停车场与道路分隔，也可增加侧院的私密性，并/或加强公共领域的空间界限。*参见5.7.5f节。*

街区/Block：包括私有地块、内部道路和后巷的场地的集合，道路环绕形成边界。

经济适用房/Affordable Housing：由出租或出售的居住单元组成。租金（包含水电费）或者按揭还款金额一般不超过家庭总收入的30%或不超过80%的按家庭大小划分的家庭收入中位数。（出租或出售的住房从经济角度属于当地小学教师的起薪能力范围之内）

精明准则管控规划/Regulating Plan：包括区划图或表达断面分区、公共区域、特殊功能区（可选）及特殊要求（可选）的一系列图纸，用于精明准则规划的地区，或是精明准则规划的潜在影响地区。

净用地面积/Net Site Area：用地内所有可开发的土地面积，包括道路，但不包含公共区域。

居住/Residential：适合人类长期定居的居所。

居住—工作单元/Live-Work：混合使用的建筑单元，包含商业和居住功能，商业功能可以在建筑单元内任何位置。此类建筑的目的是使业主拥有居住与商业/产业相混合的功能权属。参见"工作—居住单元"。

居住楼层/Story：建筑内可供居住的楼层，阁楼或抬升的地下室除外。参见表8。

居住密度/Density：单位土地面积上的居住单元数量。

K

开发权转移/TDR：一种将区划权从现有的保护性开敞空间向较高密度的城市化地区转移的方法。

开发权转移接受区/TDR Receiving Area：通过从开发权转移转让区购买开发权，从而提升开发密度的区域。

开发权转移转让区/TDR Sending Area：原属于保留的开敞地区（O2）的开发区域，开发权可转移至增长分区。

开发设计中心（DDC）/Development and Design Center：规划部门的组成机构，指导精明准则的使用，同时利用本准则协助社区规划和建筑设计。

开敞空间/Open Space：倾向于不进行开发的用地，可作为公共空间使用。

可开发地区/Developable Areas：除保护的开敞地区（O1）以外的土地。

快速公交系统/Bus Rapid Transit：拥有专用车道或者至少拥有70%路段的路权的公共交通系统，提供快于一般公交车的运载服务。

L

廊道/Corridor：组织交通和绿道的线性空间，交通廊道可以是一个线性断面分区。

立面构件/Enfront：在临街界面上设置的建筑要素，如街道前的门廊。

联排式别墅/Townhouse：参见"后院式建筑"，同"联排式住宅"。

联排式住宅/Rowhouse：与另一户共用户墙的独立式住宅，紧贴临街地块红线。参见

"后院式建筑",同"联排式别墅"。

林荫大道（BV）/Boulevard：车流量较大，车速中等的道路。道路穿过城市地区，通常设置辅路来减少交通对人行道和建筑的影响。

林荫路/Allee：树木均匀、有序排列的道路或者小径。

临街地块红线/Frontage Line：与公共临街界面相接的地块红线。此处的建筑立面在空间上界定了公共领域，因此相对于其他立面应受到更多的管控。*参见表17*。

临街界面/Frontage：建筑主立面与车行道之间的区域，包含其中的建筑构件、构筑物及景观绿化，分为私有临街界面和公共临街界面。*参见表4A和表7*。

零售/Retail：用于商品销售及饮食服务。*参见表10及表12*。

零售临街界面/Retail Frontage：精明准则管控规划中要求或建议设置店铺门面的临街界面。鼓励在地面层进行零售活动。参见"特殊要求"。

路面边缘线/Curb：车行道边缘路缘石抬高的边界线或者与边沟齐平的路面边线，通常与排水系统结合。*参见表4A和表4B*。

旅店/Inn：一种住宿酒店类型。业主拥有产权，提供6到12个床位，保证为顾客提供早餐。*参见表10*。

绿地/Green：进行自发性娱乐活动的公共空间，通过景观而非建筑临街界面来塑造空间。*参见表13*。

绿色廊道/Greenway：自然环境中设有自行车道和人行道的开敞空间走廊。

N

内院式建筑/Courtyard Building：一种建筑类型，建筑占据地块全部边界，在内部划分出一个或多个私人空间。*参见表9*。

Q

前庭/Forecourt：一种私有临街界面，具有建筑立面两侧接近临街地块红线而中间部分凹进的形式。*参见表7*。

前院/Dooryard：建筑退线较小形成的有前花园或者前庭院的私有临街界面。通常于临街地块红线处设立矮墙。*参见表7*。

区划图/Zoning Map：官方图纸或区划法规中的部分图纸，确定了每个分区及区域的边界。参见"精明准则管控规划"。

区域中心/Regional Center：参见"区域中心开发（RCD）"。

区域中心开发（RCD）/Regional Center Development：一种社区单元类型，由十分钟步行范围或线型步行范围确定，可与一个或多个五分钟步行范围毗邻，其间不必设置缓冲区。各个区域中心开发（RCD）单元根据传统邻里开发（TND）的需求来确定各自从属的断面分区。区域中心开发采用高密度混合使用模式，通过交通线路与其他中心联系。参见"填充式区域中心开发"。*参见表2和表14a。*

R

让行车道/Yield：机动车双向行驶的道路。出于停车需求，只有一条为有效行车道。要求慢速行驶及司机互让，兼具停车功能。

人行道/Sidewalk：专门供行人活动的带有铺地的公共临街界面。

S

商业/Commercial：一种工作场所，容纳办公、零售和住宿等功能。

设计速度/Design Speed：在没有标识或强制要求下可行驶的速度。本准则有4个速度区间：极低速（小于20英里/小时）、低速（20-25英里/小时）、中速（25-35英里/小时）、高速（大于35英里/小时）。车道宽度根据设计速度来确定。*参见表3A。*

社区单元/Community Unit：从物质空间、建筑密度和建设区范围几个层面定义用地类型的建设单元。本准则规定了组团式开发（CLD）、传统邻里开发（TND）和区域中心开发（RCD）三类社区单元。填充区中的传统邻里开发和区域中心开发（第四章）应称为填充式传统邻里开发（Infill TND）和填充式区域中心开发（Infill RCD）。公交导向开发（TOD）单元可与传统邻里开发（TND）或区域中心开发（RCD）单元有所重合。

审批/Warrant：一种特定的决议。用于本准则中未作说明但意图相符的内容（见1.3节）。"审批"通常由综合评审委员会（CRC）进行行政批准。*参见1.5节。*

十分钟步行范围/Long Pedestrian Shed：平均半径1/2英里或2640英尺的步行范围，通常把现有或规划的公共交通站点（公交车或轨道交通）作为公共目的地。"十分钟步行范围"指放松状态下步行十分钟左右能够抵达的范围，主要用于区域中心开发（RCD）。参见"步行范围"。

水灾危害区/Special Flood Hazard Area：由联邦应急管理局（FEMA）划定的区域，包括速率V区与沿海A区。区域内严禁建设、限制建设或根据防洪线的高度确定建设要求。

私有临街界面/Private Frontage：私人权属的边界，位于临街地块红线与主体建筑立面之间的区域。*参见表7与表17。*

T

特批/Variance：一种特定的决议。用于本准则中未作说明，意图也与本准则不相符的内容（见1.3节）。"特批"通常由听证会中的仲裁委员会授权批准。*参见1.5节。*

特殊功能区（SD）/Special District： 因固有功能、布局或形态无法归入现有社区单元类型或精明准则规定的断面分区内的区域。特殊功能区可以按照区域尺度或社区尺度的工作深度进行规划设计。

特殊要求/Special Requirements： 本准则3.9节、4.7节及5.3节中的规定，和/或精明准则管控规划及其他图纸中的相关要求。

天井/Lightwell： 一种私有临街界面类型，主要特征是入口设计在地下层或用建筑中间挖空的方式为地下室采光。*参见表7。*

填充式开发/Infill： 指在建成地块上进行新的开发，包含大多数的灰地、棕地和城市地区整理过的土地。

填充式传统邻里开发/Infill TND： 一种社区单元类型。位于五分钟步行范围内的城市地区、灰地或者棕地上，主要在T3、T4和/或T5分区内。填充式传统邻里开发按照第四章要求在填充增长区（G4）中使用。*参见4.2.2节。*

填充式区域中心开发/Infill RCD： 一种社区单元类型。位于十分钟步行范围或线型步行范围内的城市地区、灰地或棕地上，主要在T4、T5和/或T6分区内。填充式区域中心开发按第四章要求在填充增长区（G4）中使用。*参见4.2.3节。*

拱廊/Arcade： 一般作为零售功能的私有临街界面，支撑建筑空间的柱廊覆盖人行道形成了围合空间，建筑正立面与人行道处于同一标高，与临街地块红线重合。

调整后的步行范围/Adjusted Pedestrian Shed： 根据3.2节的要求调整后的步行范围，可以形成调整后的社区单元边界。

停车楼/Parking Structure： 在地面之上含有单层或多层停车功能的建筑。

退台/Stepback： 在建筑物地面以上的指定层数进行建筑退线的形式。*参见表8。*

退线/Setback： 一个地块中，地块线到建筑立面之间不设永久性建筑/构筑物的区域。退线区域内可设置特定的建筑构件，参见5.7节的内容列表。*参见表14g。*

W

外屋/Outbuilding： 一种附属建筑物，在地块内通常位于主体建筑后方，有时通过后置建筑与主体建筑相连。*参见表17。*

围院式建筑/Edgeyard Building： 建筑物位于地块中央且四周都有退线的建筑布局。*参见表9。*

未开发用地/Greenfield： 未被开发的空地、林地或者农田。

五分钟步行范围/Standard Pedestrian Shed： 平均半径为1/4英里或1320英尺的步行范围，指放松状态下步行五分钟左右能够抵达的范围。参见"步行范围"。

X

线型步行范围 / Linear Pedestrian Shed：沿重要混合功能廊道，如主要街道确定的步行范围。线型步行范围是从混合业态廊道两侧，例如一条商业主街向外延伸1/4英里的区域。往往呈现出胶囊状。它可以用来组织传统邻里开发（TND）、区域中心开发（RCD）、填充式传统邻里开发（Infill TND）或填充式区域中心开发（Infill RCD）模式。

乡村地区边界线 / Rural Boundary Line：潜在的城市增长边界，依据现状地理要素确定。乡村地区边界线是永久性的。

乡村路（RD）/ Road：乡村的或郊区化的道路，具有中低车速和中低容量的特点。主要位于较为乡村化的断面分区（T1-T3）。*参见表3A*。

乡村小屋 / Cottage：一种独立式建筑，是位于单一地块中，后院设置附属建筑的独户住宅。

小村庄 / Hamlet：参见"组团式开发"。

小广场 / Plaza：公共空间的一种，可进行公共活动及商业活动，位于城市化的断面分区内，一般通过建筑临街界面限定空间。

Y

檐廊 / Gallery：通常用作零售功能的私有临街界面，建筑正立面靠近临街地块红线，建筑首层上方出挑的屋檐或柱廊可覆盖到人行道上方。*参见表7*。

一般院落 / Common Yard：建筑正立面从临街地块红线后退形成的有植被的私有临街界面。通常与相邻的院落在视线上具有连续性。*参见表7*。

有效停车 / Effective Parking：经过混合功能停车系数调节后，混合使用地区的停车数量。*参见表11*。

有效转弯半径 / Effective Turning Radius：将停车需求考虑在内而确定的内侧转弯半径数值。*参见表17*。

Z

增长分区 / Growth Sector：本准则允许进行开发的地区。共计四个增长分区，三个适用于新社区开发，一个适用于填充式开发。*参见第二章*。

遮挡建筑 / Liner Building：用来在临街界面上遮蔽停车场或停车楼的建筑。

轴线对景建筑 / Terminated Vista：位于道路轴线终点的建筑。精明准则管控规划中要求/建议轴线对景建筑的设计与轴线有所呼应。

主入口 / Stoop：私有临街界面的一种，建筑立面与临街地块红线非常接近，通过抬升首层标高保证隐私性，入口处设置外部台阶和平台。*参见表7*。

主体建筑/Principal Building：地块内的主要建筑，通常面向临街界面布置。*参见表17*。

主要公共空间/Main Civic Space：服务于社区的主要户外聚集场地，通常与重要的公共建筑相连接。

主要临街界面/Principal Frontage：街角地块中两个私有临街界面中主要的临街界面，对地址门牌位置、建筑主要入口、地块宽度最小值等要素有附加要求。一般地块的停车位只能设置在此界面上。街角地块的停车位应设置在地块的第一层次内，主、次临街界面均可设置。参见"临街界面"。

主要入口/Principal Entrance：行人进入建筑的主要地点。

住宿旅馆/Lodging：提供日租房和周租房。*参见表10和表12*。

专用建筑/Specialized Building：不属于居住、商业或住宿功能的建筑。*参见表9*。

转弯半径/Turning Radius：道路交汇处的转角边缘，按机动车轨迹的内侧边缘计算。转弯半径越小，行人过街距离越短，机动车转弯车速越慢。*参见表3B和表17*。

庄园住宅/Estate House：一种围院式建筑。布置在具有乡村特征的巨型地块上，是带有一个或者多个附属建筑的独立住宅。

自行车车道（BL）/Bicycle Lane：在中等车速道路上划定的专用自行车道，通过划线标注路权。

自行车专用路（BT）/Bicycle Trail：独立于车行道的自行车路。

综合评审委员会（CRC）/Consolidated Review Committee：通常是规划部门的组成部分，由不同机构的代表组成委员会来监管项目，同时也代表开发设计中心（DDC）工作。*参见1.4.3节*。

棕地/Brownfield：原为工业用地的地区。

组团式开发（CLD）/Clustered Land Development：由一个五分钟步行范围组织的社区单元类型。步行范围中心为公共目的地，如商店、会议厅、校舍或教室。组团式开发以簇团建设形式自由分布在乡村地区。*参见表2和表14a*。